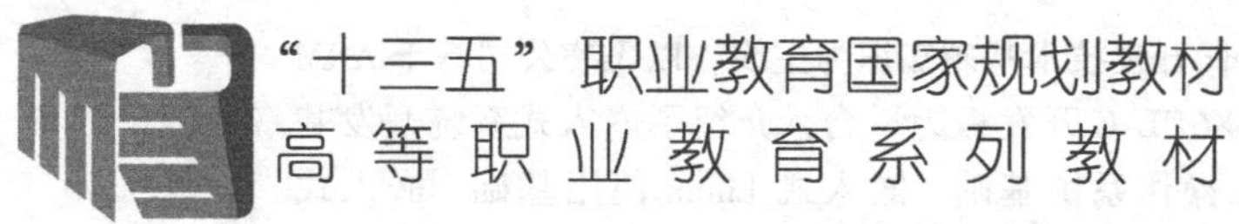

嵌入式 Linux 开发技术基础

主 编 张万良

副主编 胡德清 栾新科

参 编 陈运军 车亚进

黄 超 蒋雪琴

机 械 工 业 出 版 社

本书以嵌入式 Linux 开发技术基础知识为主线，以飞凌公司基于 ARM Cortex-A7 芯片的 OKMX6UL-C 开发板为平台，介绍了嵌入式系统开发基础知识、嵌入式 Linux 操作系统基础、嵌入式 Linux 使用基础、嵌入式 Linux 下的 C 编程基础、嵌入式 Linux 开发环境搭建、嵌入式 Linux 开发初步、基于 Qt 的嵌入式图形用户界面程序开发和嵌入式数据库编程。

本书注重理论联系实际，紧扣高职院校培养技能型人才的理念，在每章后面都有精心设计的课后实训以及习题。本书可作为高职高专院校电子和信息大类专业教材，也可作为有志于从事嵌入式开发人员的学习参考书。

本书配有授课电子课件，需要的教师可登录 www.cmpedu.com 免费注册、审核通过后下载，或联系编辑索取（QQ：1239258369，电话：010-88379739）。

图书在版编目（CIP）数据

嵌入式 Linux 开发技术基础/张万良主编．—北京：机械工业出版社，2017.8（2022.10 重印）

高等职业教育系列教材

ISBN 978-7-111-58163-5

Ⅰ.①嵌…　Ⅱ.①张…　Ⅲ.①Linux 操作系统-高等职业教育-教材　Ⅳ.①TP316.85

中国版本图书馆 CIP 数据核字（2017）第 241781 号

机械工业出版社（北京市百万庄大街 22 号　邮政编码 100037）

策划编辑：王　颖　责任编辑：和庆娣

责任校对：郑　婕　责任印制：刘　媛

涿州市般润文化传播有限公司印刷

2022 年 10 月第 1 版第 4 次印刷

184mm×260mm · 12 印张 · 296 千字

标准书号：ISBN 978-7-111-58163-5

定价：45.00 元

电话服务	网络服务
客服电话：010-88361066	机　工　官　网：www.cmpbook.com
010-88379833	机　工　官　博：weibo.com/cmp1952
010-68326294	金　　书　　网：www.golden-book.com
封底无防伪标均为盗版	机工教育服务网：www.cmpedu.com

出版说明

《国家职业教育改革实施方案》（又称“职教20条”）指出：到2022年，职业院校教学条件基本达标，一大批普通本科高等学校向应用型转变，建设50所高水平高等职业学校和150个骨干专业（群）；建成覆盖大部分行业领域、具有国际先进水平的中国职业教育标准体系；从2019年开始，在职业院校、应用型本科高校启动“学历证书+若干职业技能等级证书”制度试点（即1+X证书制度试点）工作。在此背景下，机械工业出版社组织国内80余所职业院校（其中大部分院校入选“双高”计划）的院校领导和骨干教师展开专业和课程建设研讨，以适应新时代职业教育发展要求和教学需求为目标，规划并出版了“高等职业教育系列教材”丛书。

该系列教材以岗位需求为导向，涵盖计算机、电子、自动化和机电等专业，由院校和企业合作开发，多由具有丰富教学经验和实践经验的“双师型”教师编写，并邀请专家审定大纲和审读书稿，致力于打造充分适应新时代职业教育教学模式、满足职业院校教学改革和专业建设需求、体现工学结合特点的精品化教材。

归纳起来，本系列教材具有以下特点：

1）充分体现规划性和系统性。系列教材由机械工业出版社发起，定期组织相关领域专家、院校领导、骨干教师和企业代表召开编委会年会和专业研讨会，在研究专业和课程建设的基础上，规划教材选题，审定教材大纲，组织人员编写，并经专家审核后出版。整个教材开发过程以质量为先，严谨高效，为建立高质量、高水平的专业教材体系奠定了基础。

2）工学结合，围绕学生职业技能设计教材内容和编写形式。基础课程教材在保持扎实理论基础的同时，增加实训、习题、知识拓展以及立体化配套资源；专业课程教材突出理论和实践相统一，注重以企业真实生产项目、典型工作任务、案例等为载体组织教学单元，采用项目导向、任务驱动等编写模式，强调实践性。

3）教材内容科学先进，教材编排展现力强。系列教材紧随技术和经济的发展而更新，及时将新知识、新技术、新工艺和新案例等引入教材；同时注重吸收最新的教学理念，并积极支持新专业的教材建设。教材编排注重图、文、表并茂，生动活泼，形式新颖；名称、名词、术语等均符合国家有关技术质量标准和规范。

4）注重立体化资源建设。系列教材针对部分课程特点，力求通过随书二维码等形式，将教学视频、仿真动画、案例拓展、习题试卷及解答等教学资源融入教材中，使学生的学习课上课下相结合，为高素质技能型人才的培养提供更多的教学手段。

由于我国高等职业教育改革和发展的速度很快，加之我们的水平和经验有限，因此在教材的编写和出版过程中难免出现疏漏。恳请使用本系列教材的师生及时向我们反馈相关信息，以利于我们今后不断提高教材的出版质量，为广大师生提供更多、更适用的教材。

机械工业出版社

前　言

嵌入式技术是21世纪热门、发展前景广阔的IT技术之一。嵌入式技术应用无处不在，广泛应用在工控设备、智能仪表、汽车电子、军事国防、消费电子、智能家居、智能医疗、可穿戴设备和通信设备等领域。

本书以市场占有率较大的Linux操作系统和普遍应用于高性能智能手机、平板式计算机及更多智能终端设备的Cortex-A7处理器为实训平台来编写。本书的特点是内容由浅入深，知识结构条理清晰。本书围绕嵌入式Linux开发技术逐步展开，讲解必要的知识点并且通过浅显的实例和课后练习使读者掌握相关知识。

读者如果没有飞凌的OKMX6UL-C开发板，也可以其他公司嵌入式开发板为实践平台，一般要求芯片在ARM11以上，具有基本的接口即可。

本书由张万良任主编，胡德清、栾新科任副主编，参加编写的人员还有陈运军、车亚进、黄超、蒋雪琴。保定飞凌嵌入式技术有限公司的栾新科在技术上给予了大力支持，全书由张万良统稿和定稿。

本次修订主要是增加了部分微课视频，以二维码链接的形式放于目录前，扫码即可观看，以方便读者学习和教师授课。

由于编者知识和技术水平有限，书中不足之处敬请广大读者不吝指出，以便修改完善。

编　者

二维码资源清单

序号	名称	图形	序号	名称	图形
1	嵌入式系统概述		6	语音识别	
2	Linux 的发展		7	语音合成	
3	Linux 常用命令		8	文字识别	
4	vi 编辑器		9	目标检测	
5	SQLite3 的安装和使用		10	宠物识别	

目　录

第1章　嵌入式系统开发基础知识

1.1　嵌入式系统概述

1.1.1　嵌入式系统定义及特点

1. 嵌入式系统的定义

嵌入式系统是指以应用为中心，以计算机技术为基础，融合电子、通信、软件等技术，软硬件可裁剪，适应应用系统对功能、可靠性、成本、体积、功耗严格要求的专用计算机系统。通俗地讲就是将一套计算机控制系统嵌入到已具有某种完整的特定功能的系统内，以实现对原有系统的计算机控制，此时将这个新系统叫作嵌入式系统。它通常由特定功能模块和计算机控制模块组成，主要由嵌入式微处理器、外围硬件设备、嵌入式操作系统以及用户应用软件等部分组成。

2. 嵌入式系统的特点

嵌入式计算机系统与通用计算机系统相比具有以下特点。

1）特殊性。嵌入式系统是面向特定应用的，嵌入式系统中的CPU与通用CPU不同。前者大多数是专门为特定应用设计的，具有低功耗、体积小、集成度高等特点，能够把通用CPU中许多由板卡完成的任务集成在芯片内部，从而有利于整个系统设计小型化。

2）跨技术和开放性。嵌入式系统是将先进的计算机技术、半导体技术、电子技术和各个行业具体应用相结合的产物。在通用计算机行业中，绝大部分采用的是x86体系结构的CPU，厂商主要是在Intel、AMD等几家公司，操作系统主要用微软的Windows。但这样的情况却不会在嵌入式系统领域出现。没有哪个公司的操作系统和处理器能够垄断嵌入式市场。

3）可定制性。嵌入式系统的硬件和软件都必须具备高度可定制性。只有这样才能适应嵌入式系统应用的需要，在产品、价格、性能等方面具备竞争力。

4）更新换代快。嵌入式系统和具体应用有机地结合在一起，其升级换代也是和具体产品同步进行的。嵌入式系统产品一旦进入市场，它的生命周期与产品的生命周期几乎一样长。

5）开发特殊性。嵌入式系统本身并不具备在其上进行开发的能力。用户如果开发其中的程序功能，必须借助于一套专门的开发工具和环境。

6）实时性和高可靠性。为了提高执行速度和系统可靠性，嵌入式系统中的软件一般都固化在存储器芯片或单片机中，而不是存储于磁盘等载体中。由于嵌入式系统的运算速度和存储容量仍然存在一定程度的限制，所以大部分嵌入式系统必须具有较高的实时性，对程序的质量和可靠性有着较高的要求。

1.1.2 嵌入式系统的组成

嵌入式系统由硬件和软件两大部分组成，硬件一般由高性能微处理器和外围接口电路组成，软件一般由操作系统和应用程序构成，软件和硬件之间由所谓的中间层（BSP 层，板级支持包）连接。

嵌入式系统的硬件有：处理器、存储器、输入输出（I/O）接口。

嵌入式系统的软件有：操作系统、应用软件。

目前在专用的嵌入式板子上面运行 Linux 系统已经变得越来越流行。一个嵌入式 Linux 系统从软件的角度看通常可以分为 4 个层次。

1）引导加载程序：主要是指 BootLoader，它是嵌入式设备的裸板程序，相当于通用计算机的 BIOS 引导操作系统。

2）Linux 内核：特定于嵌入式板子的定制内核以及内核的启动参数，相当于通用计算机的 Windows 操作系统。

3）文件系统：包括根文件系统和建立于 Flash 内存设备之上的文件系统，通常用 ramdisk 来作为 rootfs，相当于通用计算机的 Windows 操作系统的磁盘管理和文件管理功能。

4）用户应用程序：特定用户的应用程序。有时在用户应用程序和内核层之间可能还会包括一个嵌入式图形用户界面。常用的嵌入式 GUI 有 MicroWindows 和 MiniGUI 等，相当于通用计算机的应用程序，Office、QQ 等。

1.1.3 嵌入式系统的应用领域和开发人员需求

各种各样的新型嵌入式系统设备在应用数量上已经远远超过通用计算机，任何一个普通人可能拥有从大到小的一些嵌入式技术的电子产品，小到智能手机、PDA 等微型数字化产品，大到网络家用电器、智能家用电器、车载电子设备。而在工业和服务领域中，使用嵌入式技术的数字机床、智能工具、工业机器人和服务机器人也将逐渐改变传统的工业和服务方式。

1. 嵌入式系统的应用领域

嵌入式系统具有非常广阔的应用前景，其应用领域主要如下。

（1）智能手机

以手机为代表的移动设备可谓是近年来发展最为迅猛的嵌入式行业。手机嵌入的操作系统主要有 Android（谷歌）、iOS（苹果）、Windows Phone（微软）、Symbian（诺基亚）、BlackBerry OS（黑莓）、Windows Mobile（微软）等。手机硬件除了最基本的通话功能模块外还有 PDA、数码相机、定位、导航和各种传感等功能。

（2）消费类电子产品

消费类电子产品主要包括便携音频视频播放器、数字照相机、掌上游戏机和智能玩具等。

（3）信息家用电器

电冰箱、空调、电视、电饭煲和热水器等家用电器的网络化、智能化将引领人们的生活步入一个崭新的空间。即使不在家里，也可以通过电话线、网络进行远程控制。这些都离不了嵌入式的 CPU 和存储器以及各种传感器和嵌入的监控软件。

(4) 家庭智能管理系统

安全防火、防盗系统，水、电、煤气表的远程自动抄表，嵌入专用控制芯片代替传统的人工检查，实现更高、更准确和更安全的性能。

(5) 汽车电子领域

随着汽车产业的飞速发展，汽车电子近年来也有了较快的发展。在车辆导航、流量控制、信息监测与汽车服务以及未来的车联网方面，嵌入式系统技术已经获得了广泛的应用，内嵌 GPS 模块、GSM 模块的移动定位终端已经在各种运输行业成功使用。

(6) 工业控制

嵌入式系统广泛应用在工业过程控制、数控机床、电力系统、电网安全、电网设备监测、石油化工系统等领域。

(7) 军工航空航天

军工和航空航天领域无论是硬件还是操作系统、编译器，通常都是专用的。许多嵌入式系统最先进的技术最前沿的成果往往都会用在这个领域。

(8) 机器人

嵌入式芯片在机器人中的使用使得机器人在微型化、智能化方面的优势更加明显，同时会大幅度降低机器人的价格，使其在工业领域和服务领域获得更广泛的应用。

2. 嵌入式系统开发人员需求

嵌入式系统既涉及软件，又涉及硬件，还涉及多学科，那么作为嵌入式开发人员应该具备什么样的素质呢？通常要想做嵌入式开发应该侧重一面而不能够面面俱到。

一方面可以是电子工程、通信工程等主要是搞硬件设计，有时要开发一些与硬件关系最密切的底层软件，如 BootLoader、BSP 最初级的硬件驱动程序等。他们的优势是对硬件原理非常清楚，擅长定义各种硬件接口，但对软件系统往往力不从心，例如嵌入式操作系统原理和应用软件等。

另一面可以是计算机专业出身的学软件编程的人，主要从事嵌入式操作系统和应用软件的开发。如果学软件的人对硬件原理和接口有一定的了解，就可以开发和硬件相关的 BSP 和硬件驱动程序。

嵌入式硬件设计完后，各种功能就全靠软件来实现了，嵌入式设备的增值很大程度上取决于嵌入式软件，这是开发嵌入式系统的最主要工作，目前有很多公司将硬件设计包给了专门的硬件公司，很多嵌入式公司自己只负责开发软件，因为他们都知道，嵌入式产品的差异很大程度在软件上，所以懂一些硬件知识又熟悉软件开发的人完全不用担心在嵌入式市场上的用武之地。

1.2 ARM 微处理器体系

ARM（Advanced RISCMachine）既可以说是一个公司的名字，也可以说是对一类微处理器的通称，还可以说是一种技术的名称。

1991 年 ARM 公司（Advanced RISCMachine Limited）成立于英国剑桥，最早由 Arcon、Apple 和 VLSI 合资成立，ARM 公司并不制造微处理器，而是由 ARM 的合作伙伴来制造。

ARM 公司是全球领先的半导体知识产权（Intellectual Property，IP）提供商，在数字电子产品的开发中处于核心地位，位于产业链的最上游。

ARM 公司专门从事基于 RISC 技术芯片的设计开发，公司本身并不生产芯片，而是设计出高效的 IP 内核，授权给半导体公司使用，世界各大半导体生产商从 ARM 公司购买其设计的 ARM 微处理器核，根据各自不同的应用领域，加入适当的外围电路，从而形成自己的 ARM 微处理器芯片，通过这种合伙关系，ARM 很快成为许多全球性 RISC 标准的缔造者。

目前，全世界有几十家大的半导体公司持有各个不同形式的 ARM 授权，其中包括 Atmel（爱特梅尔）、Broadcom（博通）、Cirrus Logic（凌云逻辑）、飞思卡尔（Freescale，于 2004 从摩托罗拉公司独立出来）、Qualcomm（高通）、富士通、英特尔、IBM、英飞凌科技、任天堂、恩智浦半导体（NXP Semiconductors，于 2006 年从飞利浦独立出来）、OKI 电气工业、Samsung（三星）、NEC、SONY（索尼）、Sharp（夏普）、STMicroelectronics（意法半导体）、德州仪器（Texas Instruments，TI）和 VLSI 等，这也使得 ARM 技术获得更多的第三方工具、制造、软件的支持，又使整个系统成本降低，使产品更容易进入市场并被消费者所接受，更具有竞争力。

采用 ARM 知识产权核（IP Core）的微处理器就是人们通常所说的 ARM 微处理器，它已广泛应用于工业控制、消费类电子产品、通信系统、网络系统和无线系统等各类产品，基于 ARM 技术的微处理器应用约占据了 32 位 RISC 微处理器 80% 以上的市场份额，其中，在手机市场，ARM 占有绝对的垄断地位。可以说，ARM 技术正在逐步渗入到人们生活中的各个方面，而且随着 32 位 CPU 价格的不断下降和开发环境的不断成熟，ARM 技术会应用得越来越广泛。

目前，ARM 体系结构共定义了 8 个版本，从 V1 到 V8，ARM 体系的指令集功能不断扩大，不同系列的 ARM 处理器，性能差别很大，应用范围和对象也不尽相同，但是，如果是相同的 ARM 体系结构，那么基于它们的应用软件是兼容的。

ARM 命名规则分成两类：一类是基于 ARM 体系结构的版本命名规则，如 V1、V8；另一类是基于 ARM 体系结构版本的处理器系列命名规则，如 ARM9、ARM11。

ARM 体系结构版本、ARM 处理器系列见表 1-1。

表 1-1　ARM 体系结构版本、ARM 处理器系列

<table>
<tr><th>版　本</th><th>版本变种</th><th>系 列 号</th><th>处 理 器 核</th></tr>
<tr><td>V1</td><td>V1</td><td>ARM1</td><td>ARM1</td></tr>
<tr><td rowspan="3">V2</td><td>V2</td><td rowspan="2">ARM2</td><td>ARM2</td></tr>
<tr><td rowspan="2">V2a</td><td>ARM2aS</td></tr>
<tr><td>ARM3</td><td>ARM3</td></tr>
<tr><td rowspan="2">V3</td><td rowspan="2">V3</td><td>ARM6</td><td>ARM6、ARM600、ARM610</td></tr>
<tr><td rowspan="2">ARM7</td><td>ARM7、ARM700、ARM710</td></tr>
<tr><td rowspan="3">V4</td><td>V4T</td><td>ARM7TDMI、ARM710T、ARM720T、ARM740T</td></tr>
<tr><td>V4</td><td>ARM8</td><td>StrongARM、ARM8、ARM810</td></tr>
<tr><td>V4T</td><td rowspan="2">ARM9</td><td>ARM9TDMI、ARM920T、ARM940T</td></tr>
<tr><td rowspan="2">V5</td><td rowspan="2">V5TE</td><td>ARM9E-S</td></tr>
<tr><td>ARM10</td><td>ARM10TDMI、ARM1020E</td></tr>
<tr><td>V6</td><td>V6</td><td>ARM11</td><td>ARM11、ARM11562-S、ARM1156T2F-S、ARM11JZF-S</td></tr>
<tr><td>V7</td><td>V7</td><td>ARM Cortex</td><td>ARM Cortex-A8，A9，A15、ARM Cortex-R4、Cortex-M3，M4</td></tr>
</table>

1.3 ARM 微处理器系列

目前，基于 ARM 核结构的微处理器包括以下几个系列。

1. ARM7 系列

ARM7 系列微处理器为低功耗的 32 位 RISC 处理器，最适合用于对价位和功耗要求较高的消费类应用。

ARM7 系列处理器主要特点：极低的功耗（0.28mW/MHz），适合对功耗要求较高的应用；具有嵌入式 ICE-RT 逻辑，调试开发方便；能够提供 0.9MIPS/MHz 的三级流水线结构，代码密度高并兼容 16 位的 Thumb 指令集；支持的操作系统：uC/OS-Ⅱ、uCLinux 等；性能最高可达 130MIPS。

ARM7 系列微处理器的主要应用领域为：工业控制、网络设备、移动电话、消费电子等多种多媒体和嵌入式应用。

ARM7 系列微处理器包括 4 种类型的核：ARM7TDMI、ARM7TDMI-S、ARM7EJ-S、ARM720T。其中使用最广泛的是基于 ARM7TDMI 核的 ARM 处理器，比如 Samsung 的 S3C4510B、S3C44b0x 等，在这里后缀 TDMI 的含义如下。

T：表示支持 Thumb 指令集。

D：表示支持片上调试（Debug）。

M：表示内嵌硬件乘法器（Multiplier）。

I：表示支持片上断点和调试点。

2. ARM9 系列

ARM9 系列微处理器在高性能和低功耗特性方面提供最佳的性能。

ARM9 系列处理器主要特点：5 级指令流水线，指令执行效率更高；支持 32 位 ARM 指令集和 16 位 Thumb 指令集；支持 32 位的高速 AMBA 总线接口；提供 1.1MIPS/MHz 的加速能力；带有全性能的 MMU（Memory Management Unit）功能，这也是与 ARM7 的重要区别，支持 Windows CE、Embedded Linux 等；支持数据 Cache 和指令 Cache，因而具有更高的数据处理能力；性能最高可达 300MIPS。

ARM9 系列处理器主要应用：无线设备、机顶盒、高端打印机、数字照相机和数字摄像机、汽车电子。

ARM9 系列微处理器类型：ARM920T、ARM922T、ARM940T。

3. ARM9E 系列

ARM9E 系列微处理器为综合处理器，使用单一的处理器内核提供了微控制器、DSP、Java 应用系统的解决方案，极大地减少了芯片的面积和系统的复杂程度。

ARM9E 系列微处理器的主要特点：支持 DSP 指令集（MAC），适合于需要高速数字信号处理的场合；指令执行效率更高；支持 VFP9 浮点处理协处理器；全性能的 MMU，支持 Windows CE、Embedded Linux 等；支持数据 Cache 和指令 Cache；性能最高可达 300MIPS。

ARM9E 系列微处理器主要应用：工业控制、无线设备、网络设备、数字消费品、图像处理设备和存储设备。

ARM9E 系列微处理器类型：ARM926EJ-S、ARM946E-S、ARM966E-S 和 ARM968E-S。

4. ARM10E 系列

ARM10E 系列微处理器具有性能高、功耗低的特点，该系列的 ARM 处理器采用了新的体系结构，同 ARM9 系列相比，性能有了很大的提高。

ARM10E 系列微处理器的主要特点：支持 DSP 指令集（MAC）；6 级整数流水线，指令执行效率更高；支持 64 位的高速 AMBA 总线接口、32 位的 ARM 指令集和 16 位的 Thumb 指令集；支持 VFP10 浮点处理协处理器；全性能的 MMU，支持 Windows CE、Embedded Linux；支持数据 Cache 和指令 Cache，具有更高的指令和数据处理能力；性能最高可达 400MIPS。

ARM10E 系列微处理器主要应用：手持设备、工业控制、无线设备、数字消费品、汽车电子、图像处理设备、通信和信息系统等领域。

ARM10E 系列微处理器类型：ARM1020E、ARM1022E 和 ARM1026EJ-S。

5. ARM11 系列

ARM 公司在 2003 年推出了 ARM11 架构的核，基于 ARM11 核结构的处理器具有更高的性能，尤其是在多媒体处理能力方面，采用了先进的 0.13μm 工艺，最高工作频率可达 750MHz。

ARM11 系列微处理器的主要特点：独立的 Load/Stroe 和算术流水线的 8 级流水线；增强的 ARMv6 体系结构（包含了针对媒体处理的 SIMD 扩展，采用特殊的设计改善视频处理能力）；与同等的 ARM10 相比较，在同样的时钟频率下，性能提高了近 50%；时钟频率达到 500 ~ 750MHz；采用了先进的节能方式，使其功耗极低，0.6mW/MHz（0.13μm，1.2V）。

ARM11 系列微处理器主要应用：消费电子、汽车电子、数据存储、图像处理设备、网络基础和无线设备。

ARM11 系列微处理器类型：ARM11 MPCore（多核处理器）、ARM1136J(F)-S（第一个执行 ARMv6 架构指令的处理器）、ARM1156T2(F)-S、ARM1176JZ(F)-S（三星 S3C6410 处理器基于 ARM1176JZF-S 核，最高主频可达 667MHz）。

6. Cortex 系列

ARM 公司对 ARM11 处理器以后的产品改用 Cortex 命名，并分成 A、R 和 M 三类，旨在为各种不同的市场提供服务。

Cortex-A 系列是开放式操作系统的高性能处理器，在高级工艺节点中可实现高达 2GHz + 标准频率的卓越性能，从而可支持下一代的移动 Internet 设备。这些处理器具有单核和多核种类，最多提供 4 个具有可选 NEON 多媒体处理模块和高级浮点执行单元的处理单元。

Cortex-R 系列处理器的开发则面向深层嵌入式实时应用，对低功耗、良好的中断行为、卓越性能以及与现有平台的高兼容性这些需求进行了平衡考虑。

Cortex-M 系列处理器主要是针对微控制器领域开发的，在该领域中，既需进行快速且具有高确定性的中断管理，又需将门数和可能功耗控制在最低。

Cortex-A 系列处理器包括：Cortex-A5、Cortex-A7、Cortex-A8、Cortex-A9 和 Cortex-A15 等。

Cortex-R 系列处理器包括：Cortex-R4（实时处理器）等。

Cortex-M 系列处理器包括：Cortex-M3、Cortex-M4 等。

Cortex-A9 的应用包括：智能手机、智能本（Smartbook）、上网本（Netbook）、电子阅读器、数字电视、高清播放机、家用网关以及其他各种家用产品。

Cortex-A15 MPCore 处理器是业界迄今为止性能最高且可授予许可的处理器。它提供前所未有的处理功能，与低功耗特性相结合，在各种市场上成就了卓越的产品，包括智能手机、平板计算机、移动计算、高端数字家用电器、服务器和无线基础结构。Cortex-A15 MPCore 处理器提供了性能、功能和能效的独特组合，进一步加强了 ARM 在这些高价值和高容量应用细分市场中的领导地位。

Cortex-A15 MPCore 处理器是 Cortex-A 系列处理器的最新成员，确保在应用方面与所有其他获得高度赞誉的 Cortex-A 处理器完全兼容。这样，就可以立即访问已得到认可的开发平台和软件生态体系，包括 Android、Adobe Flash Player、Java Platform Standard Edition（Java SE）、JavaFX、Linux、Microsoft Windows Embedded、Symbian 和 Ubuntu 以及 700 多个 ARM Connected Community 成员，这些成员提供应用软件、硬件和软件开发工具、中间件以及 SoC 设计服务。

预计 Cortex-A15 MPCore 处理器的移动配置所能提供的性能是当前高级智能手机性能的五倍还多。在高级基础结构应用中，Cortex-A15 的运行速度最高可达 2.5 GHz，这将支持在不断降低功耗、散热和成本预算方面实现高度可伸缩的解决方案。

Cortex-A15 MPCore 的应用：高级智能手机、移动计算、高端数字家庭娱乐、无线基础结构、低功耗服务器。

7. SecurCore 系列

SecurCore 系列微处理器专为高安全性应用而设计，提供了完善的 32 位 RISC 技术的安全解决方案。因此，SecurCore 系列微处理器除了具有 ARM 体系结构的低功耗、高性能的特点外，还具有其独特的优势，即提供了对安全解决方案的支持。

SecureCore 处理器系列主要特点：支持 ARM 指令集和 Thumb 指令集，以提高代码密度和系统性能；采用软内核技术以提供最大限度的灵活性，可以防止外部对其进行扫描探测；提供了安全特性，可以抵制攻击；提供面向智能卡和低成本的存储保护单元 MPU；可以集成用户自己的安全特性和其他的协处理器。

SecurCore 系列微处理器主要应用于一些对安全性要求较高的应用产品及应用系统，如电子商务、电子政务、电子银行、网络和认证系统等对安全性要求很高的场合。

SecurCore 系列微处理器类型：SecurCore SC100、SecurCore SC110、SecurCore SC200 和 SecurCore SC210。

8. Xscale

Xscale 是 ARM 体系结构的一种内核，基于 ARM v5TE，由 Intel 公司开发，在架构扩展的基础上同时也保留了对于以往产品的向下兼容，因此获得了广泛的应用。XScale 功耗低，系统伸缩性好，同时核心频率达到了 400MHz 甚至更高。这种处理器还支持高效通信指令，可以和同样架构处理器之间达到高速传输。其中一个主要的扩展就是无线 MMX，这是一种 64 位的 SIMD 指令集，在新款的 Xscale 处理器中集成有 SIMD 协处理器。这些指令集可以有效地加快视频、3D 图像、音频以及其他 SIMD 传统元素处理。

基于 Xscale 内核的处理器主要包括：Intel PXA25X、Intel PXA26X、Intel PXA27X。

XScale 芯片应用于黑莓和 Treo（美国 Palm 公司生产的智能手机系列）等手持设备中，曾是英特尔从传统半导体向通信市场进军的尝试。

2006 年 6 月，Intel 将其通信及应用处理器业务（含 Xscale）出售给 Marvell 公司。2006 年 11 月，Marvell 公司发表了 PXA300、PXA310 和 PXA320。

1.4 嵌入式操作系统

嵌入式操作系统 EOS（Embedded Operating System）是一种实时的、支持嵌入式系统应用的操作系统软件，它是嵌入式系统（包括硬、软件系统）极为重要的组成部分，通常包括与硬件相关的底层驱动软件、系统内核、设备驱动接口、通信协议、图形界面、标准化浏览器等。负责嵌入式系统的全部软、硬件资源的分配、调度工作。

在一般情况下，嵌入式操作系统可以分为两类。

非实时操作系统：面向消费电子产品等领域，这类产品包括个人数字助理（PDA）、移动电话、机顶盒和电子书等。

实时操作系统 RTOS（Real-Time Embedded Operating System）：面向控制、通信等领域，如 Wind River 公司的 VxWorks、ISI 的 pSOS、QNX 系统软件公司的 QNX 等。

其中著名的嵌入式操作系统有：μC/OS、VxWorks、Neculeus、Linux 和 Windows CE 等。下面介绍几种应用比较广泛的嵌入式操作系统。

（1）μC/OS-Ⅱ

μC/OS-Ⅱ是由 Labrosse 先生编写的源代码公开的实时内核，是专为嵌入式应用设计的，可用于 8 位、16/32 位单片机或 DSP。它的特点是：公开源代码、代码结构清晰、注释详尽、组织有条理、可移植性好；可裁剪、可固化；抢占式内核，最多可以管理 60 个任务。该系统短小精悍，是研究和学习实时操作系统的首选。

（2）Windows CE

Windows CE 是微软开发的一个开放的、可升级的 32 位嵌入式操作系统，是基于掌上型计算机类的电子设备操作系统。它是精简的 Windows 95。Windows CE 的图形用户界面相当出色。

（3）VxWorks

VxWorks 是美国 Wind River System 公司（简称风河公司，即 WRS 公司）推出的一个实时操作系统。Tornado 是 WRS 公司推出的一套实时操作系统开发环境，提供了丰富的调试、仿真环境和工具。

VxWorks 是专门为实时嵌入式系统设计开发的操作系统软件，为程序员提供了高效的实时任务调度、中断管理，实时的系统资源以及实时的任务间通信。应用程序员可以将尽可能多的精力放在应用程序本身，而不必再去关心系统资源的管理。VxWorks 是目前实时嵌入式系统领域中使用最广泛、市场占有率最高的系统。它支持多种处理器，如 x86、i960、Sun Sparc、Motorola MC68×××、MPIS RX000、POWER PC 等。大多数的 VxWorks API 是专有的，采用 GNU 的编译和调试器。

VxWorks 以其良好的可靠性和卓越的实时性被广泛地应用在通信、军事、航空和航天等高精尖技术及实时性要求极高的领域中，如卫星通信、军事演习、弹道制导和飞机导航等。

在美国的F-16、FA-18战斗机、B-2隐形轰炸机和爱国者导弹上，1997年4月在火星表面登陆的探路者火星探测器、2008年5月登陆的凤凰号火星探测器、2012年8月登陆的好奇号火星探测器上都使用了VxWorks。风河公司于2009年06月以8.84亿美元被Intel收购。

（4）Linux

Linux是一个类似于UNIX的操作系统。它起源于芬兰一个名为Linus Torvalds的业余爱好，但是现在已经是最为流行的一款开放源代码的操作系统。Linux从1991年问世到现在，短短十余年的时间内已发展成为一个功能强大、设计完善的操作系统，伴随网络技术进步而发展起来的Linux OS已成为Microsoft公司Windows的强劲对手。

Linux系统不仅能够运行于PC平台，还在嵌入式系统方面大放光芒，Linux本身的种种特性使其成为嵌入式开发中的首选。在进入市场的头两年中，嵌入式Linux设计通过广泛应用获得了巨大的成功。随着嵌入式Linux的成熟，提供更小的尺寸和更多类型的处理器支持，并从早期的试用阶段迈进到嵌入式的主流。

（5）Palm OS

Palm是3com公司的产品，其操作系统为Palm OS。Palm OS是一种32位的嵌入式操作系统。Palm提供了串行通信接口和红外线传输接口；利用它可以方便地与其他外部设备通信、传输数据；拥有开放的OS应用程序接口，开发商可根据需要自行开发所需的应用程序。Palm OS是一套具有极强开放性的系统，现在有大约数千种专门为Palm OS编写的应用程序，从程序内容上看，小到个人管理、游戏，大到行业解决方案，Palm OS无所不包。在丰富的软件支持下，基于Palm OS的掌上计算机功能得以不断扩展。

1.5 嵌入式系统开发流程

1. 嵌入式系统开发模式

嵌入式系统开发分为两大部分：软件开发和硬件开发。嵌入式系统的开发一般都采用宿主机/目标板开发模式，如图1-1所示，该模式可以利用宿主机（PC）上丰富的软硬件资源及良好的开发环境和调试工具来开发目标板上的软件，然后通过交叉编译环境生成目标代码和可执行文件，通过串口、USB、以太网等方式下载到目标板上，利用交叉调试器监控程序运行并进行实时的分析，最后将程序下载并固化到目标机上，完成整个开发过程。就如同在

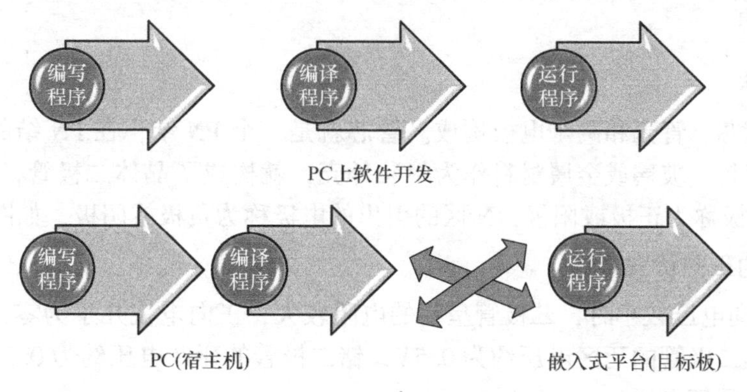

图1-1 嵌入式系统开发模式

PC 上使用 keil c 编写调试单片机程序，通过 proteus 仿真，然后将编译生成的 . hex 文件再下载到单片机中一样。

嵌入式系统软件开发的整个过程基本包括以下几个步骤。

1）编写源代码：编写源 C/C++ 及汇编程序。

2）编译程序：通过专用编译器编译程序。

3）程序下载：通过 JTAG、USB、UART 方式下载到目标板。

4）软硬件测试、调试：通过 JTAG 等方式联合调试程序。

5）下载固化：程序无误，下载到产品上生产。

2. 嵌入式 Linux 开发流程

在一个嵌入式系统中使用 Linux 技术开发，一般情况下都需要经过以下过程。

1）建立开发环境，操作系统一般使用 Redhat 系列的 Linux，选择定制安装或全部安装，通过网络下载相应的 GCC 交叉编译器进行安装（比如 arm-1inux-gcc），或者直接安装产品厂家提供交叉编译器（cross-tools-am335x-4. 5. 3. tar. bz2）。

2）配置开发主机，配置 Minicom（Linux 下的信息输出的监视器和键盘输入的工具），Windows 下的超级终端。配置 NFS 网络服务，关闭防火墙等。

3）建立引导装载程序 BootLoader，从网络上下载一些公开源代码的 BootLoader，如 U-BOOT、BLOB、VIVI、LILO、ARM-BOOT 和 RED-BOOT 等，根据具体芯片进行移植修改。这部分比较难，一般从事嵌入式软件开发可以略过该部分。

4）下载已经移植好的 Linux 操作系统，如 uCLinux、ARM-Linux 和 PPC-Linux 等。

5）建立根文件系统 BusyBox，对其进行功能裁减，产生一个最基本的根文件系统，再根据自己的具体应用添加其他的程序。

6）建立应用程序的 FLASH 磁盘分区，一般使用 JFFS2 或 YAFFS 文件系统。

7）开发应用程序，可以放入根文件系统中，也可以放入 JFFS2 或 YAFFS 文件系统中。

8）烧写内核、根文件系统和应用程序，发布产品。

1.6 认识嵌入式开发硬件电路

1.6.1 二极管

1. 基本概念

二极管由管芯、管壳和两个电极构成。管芯就是一个 PN 结，在 PN 结的两端各引出一个引线，并用塑料、玻璃或金属材料作为封装外壳，就构成了晶体二极管，如图 1-2 所示。P 区的引出的电极称为正极或阳极，N 区的引出的电极称为负极或阴极，如图 1-3 所示。

2. 二极管的正向伏安特性

1）外加正向电压较小时，二极管呈现的电阻较大，正向电流几乎为零，称为不导通区或死区。一般硅二极管的死区电压约为 0. 5V，锗二极管的死区电压约为 0. 2V，该电压值又称为门槛电压或阈值电压。

2）当外加正向电压超过死区电压时，PN 结内电场几乎被抵消，二极管呈现的电阻很小，正向电流开始增加，进入正向导通区，随外加电压的增加正向电流迅速增加，处于充分导通状态。

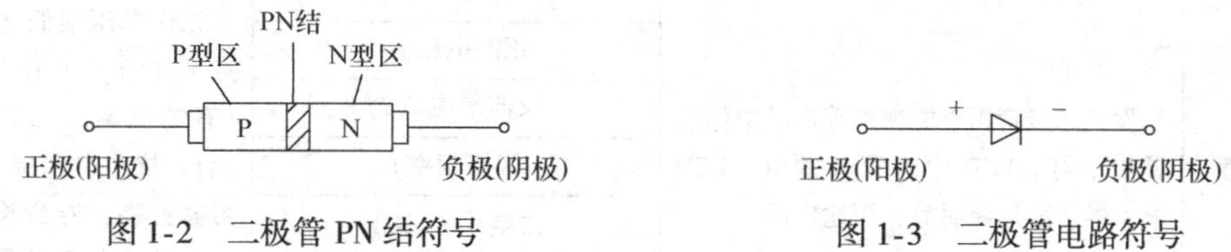

图 1-2　二极管 PN 结符号　　　　图 1-3　二极管电路符号

3）二极管导通后两端的正向电压称为正向压降（或管压降），几乎恒定。硅管的管压降约为 0.7V，锗管的管压降约为 0.3V。

3. 二极管的反向伏安特性

1）二极管承受反向电压时，加强了 PN 结的内电场，二极管呈现很大电阻，此时仅有很小的反向电流。实际应用中，反向电流越小说明二极管的反向电阻越大，反向截止性能越好。一般硅二极管的反向饱和电流在几十微安以下，锗二极管则达几百微安，大功率二极管稍大些。

2）当反向电压增大到一定数值时反向电流急剧加大，进入反向击穿区，*D* 点对应的电压称为反向击穿电压。二极管被击穿后电流过大将使管子损坏，因此除稳压管外，二极管的反向电压不能超过击穿电压。

不同二极管特性见表 1-2。

表 1-2　不同二极管的特性

名　称	应用场合及主要功能	主要技术参数	特　点
整流二极管	交流转换直流电路中用于整流，一般整流管用于低频电路中，高频场合一般用快恢复及肖特基管，广泛应用于各种电子产品中	最大平均整流电流 I_{FM}	利用二极管单向导电性，可以把方向交替变化的交流电变换成单一方向的脉动直流电
		反向击穿电压 U_R	
		反向漏电流 I_R	
		最高工作频率 f_M	
		反向恢复时间 t_{rr}	
		最高反向工作电压 U_{RM}	
稳压二极管	用于浪涌保护电路、过压保护电路、电弧抑制电路、串联型稳压电路，广泛应用于各种电子产品中	稳压电压 U_z	稳压二极管是利用反向击穿特性实现稳压，工作在击穿电压区的特殊二极管
		稳压电流 I_Z	
		反向漏电流 I_R	
		最大允许功耗 P_M	
		稳定电压温度系数 C_{TV}	
		动态电阻 R_Z	
开关二极管	小功率开关二极管主要使用于电视机、收录机及其他电子设备的开关电路、检波电路、高频高速脉冲整流电路等。大功率开关二极管主要用于各类大功率电源作续流、高频整流、桥式整流及其他开关电路	反向击穿电压 V_R	在电路中起到控制电流通过或关断的作用，成为一个理想的电子开关。开关二极管的正向电阻很小，反向电阻很大，开关速度很快
		最高反向工作电压 U_{RM}	
		正向电流 I_F	
		反向恢复时间 t_{rr}	

（续）

名　称	应用场合及主要功能	主要技术参数	特　点
发光二极管	发光二极管用于电视机等产品中作电源指示灯、LCD 中作背光源灯、LED 显示屏、家用照明等，用途广泛	工作电压 U_{CC} 正向电流 I_F 反向漏电流 I_s 闪烁频率 f 占空比 D(%) 发光峰值波长 AP 发光强度（mcd）	工作电压很低（有的仅一点几伏）；工作电流很小(有的仅零点几毫安即可发光)；抗冲击和抗震性能好，可靠性高，寿命长；通过调制通过的电流强弱可以方便地调制发光的强弱
变容二极管	用作自动频率控制、调谐回路、振荡电路、锁相环路，常用于电视机高频头的频道转换和调谐电路	结电容 C_j 最高反向电压 U_{RM} 结电容变化范围	是一种利用 PN 结电容（势垒电容）与其反向偏置电压 U_r 的依赖关系及原理制成的二极管。反偏电压越大，则结电容越小
检波二极管	检波（也称为解调）二极管的作用是利用其单向导电性将高频或中频无线电信号中的低频信号或音频信号取出来，广泛应用于半导体收音机、收录机、电视机及通信等设备的小信号电路中	最大平均整流电流 I_{FM} 反向击穿电压 U_R 最高反向工作电压 U_{RM} 最高工作频率 f_M	其结电容低，工作频率高（可达 400MHz）处理信号幅度较弱和反向电流小等特点
双向触发二极管	用于触发双向晶闸管及构成过压保护电路、定时器、移相电路等	正向转折电压 U_{BO} 反向转折电压 U_{BR} 正向转折电流 I_{BO}	具有对称性的二端半导体器件，可等效于基极开路、发射极与集电极对称的 NPN 晶体管；结构简单，价格低廉
光敏二极管	一般用于光控开关电路，光耦及路灯开关中等	最高工作电压 U_{max} 暗电流 I_D 光电流 I_L	无光照时，有很小的饱和反向漏电流，即暗电流，此时光敏二极管截止。当受到光照时，饱和反向漏电流大大增加，形成光电流，它随入射光强度的变化而变化
双基极二极管	用于张驰振荡电路，定时电压读出电路中	基极电阻 R_{BB}	双基极二极管又称为单结晶体管，具有两个基极，一个发射极的三端负阻器件，它具有频率易调、温度稳定性好等特点

例如在嵌入式开发平台上通过控制 GPF3、GPF4、GPF5、GPF6 端口的输出电平高低实现对 LED1、LED2、LED3、LED4 亮灭的控制。LED 通过电源，限流电阻与 ARM 的 I/O 口相连，当 I/O 口为低电平时，电源会通过 LED 限流电阻往 ARM 里灌电流。点亮 LED。反之 I/O 为高电平时，则 LED 不会亮，如图 1-4 所示。

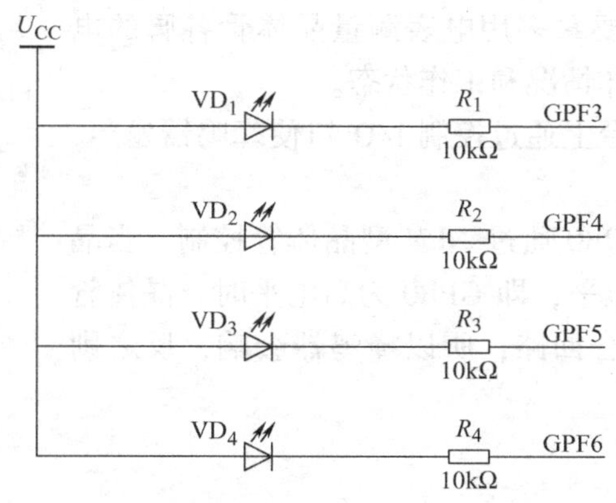

图 1-4　开发平台 LED 信号灯

1.6.2　晶体管

晶体管是电子电路中最重要的器件之一，它最主要的功能是电流放大和开关作用。晶体管顾名思义具有三个电极。二极管是由一个 PN 结构成的，而晶体管由两个 PN 结构成，共用的一个电极称为晶体管的基极（用字母 b 表示）。其他的两个电极分别称为集电极（用字母 c 表示）和发射极（用字母 e 表示），如图 1-5 和图 1-6 所示。

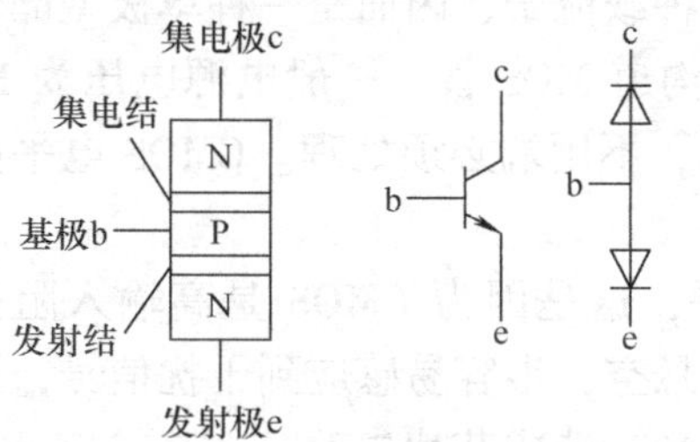

图 1-5　NPN 晶体管结构和电路符号及 PN 结示意图

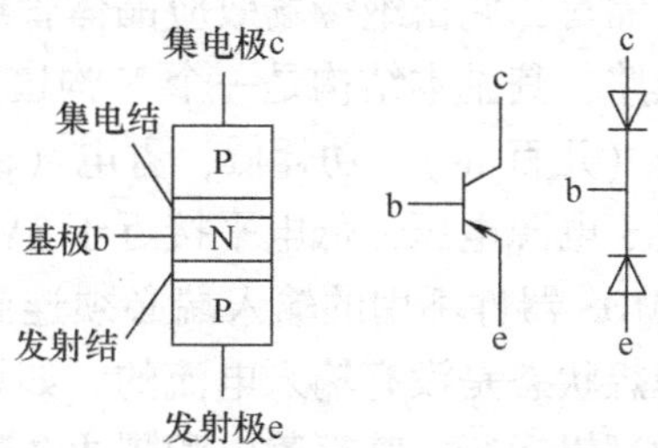

图 1-6　PNP 晶体管结构和电路符号及 PN 结示意图

晶体管的三种工作状态。

1）截止状态：当加在晶体管发射结的电压小于 PN 结的导通电压，基极电流为零，集电极电流和发射极电流都为零，晶体管这时失去了电流放大作用，集电极和发射极之间相当于开关的断开状态，称晶体管处于截止状态。

2）放大状态：当加在晶体管发射结的电压大于 PN 结的导通电压，并处于某一恰当的值时，晶体管的发射结正向偏置，集电结反向偏置，这时基极电流对集电极电流起着控制作用，使晶体管具有电流放大作用，其电流放大倍数 $\beta = \Delta I_c / \Delta I_b$，这时晶体管处于放大状态。

3）饱和导通状态：当加在晶体管发射结的电压大于 PN 结的导通电压，并当基极电流增大到一定程度时，集电极电流不再随着基极电流的增大而增大，而是处于某一定值附近不怎么变化，这时晶体管失去电流放大作用，集电极与发射极之间的电压很小，集电极和发射极之间相当于开关的导通状态。晶体管的这种状态称之为饱和导通状态。

根据晶体管工作时各个电极的电位高低，就能判别晶体管的工作状态，因此，电子维修人员在维修过程中，经常要拿多用电表测量晶体管各脚的电压，从而判别晶体管的工作情况和工作状态。

例如在嵌入式开发平台上通过控制 I/O 口使蜂鸣器发声，如图 1-7 所示。

蜂鸣器通过 I/O 口 GPB0 通过 NPN 型晶体管控制。当晶体管的集电极（C）为低电平，即 GPB0 为高电平时，晶体管导通，蜂鸣器电路形成闭合回路，所以蜂鸣器会响，反之则不响。

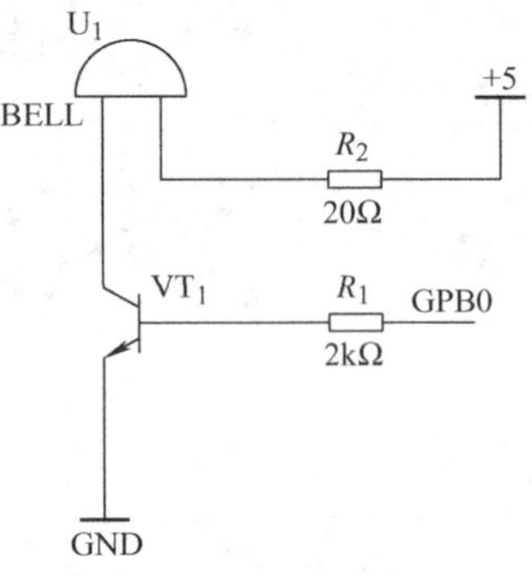

图 1-7　晶体管控制电路

1.6.3　TTL 电路

TTL 电路是晶体管-晶体管逻辑电路（Transistor-Transistor-Logic）的英文缩写，是数字集成电路的一大门类。它是双极型器件，它采用双极型工艺制造，一般电源电压为 5V，速度快（数 ns），功耗大（mA 级），负载力大，不用端多数不用处理。TTL 电平一般输入低电平小于等于 0.8V，输入高电平大于等于 2V。输出高电平 3.5V，输出低电平是 0.2V。

1.6.4　CMOS 电路

CMOS 电路是互补型金属氧化物半导体电路（Complementary Metal-Oxide-Semiconductor）的英文缩写，它由绝缘场效应晶体管组成，由于只有一种载流子，因而是一种单极型晶体管集成电路，其基本结构是一个 N 沟道 MOS 管和一个 P 沟道 MOS 管。一般电源电压为 15V，速度慢（几百 ns），功耗低，省电（μA 级），负载力小，不用端必须处理。CMOS 电平高电平接近于电源电压，低电平接近于 0V。

CMOS 器件不用的输入端必须连到高电平或低电平，这是因为 CMOS 是高输入阻抗器件，理想状态是没有输入电流的. 如果不用的输入引脚悬空，很容易感应到干扰信号，影响芯片的逻辑运行，甚至静电积累永久性的击穿这个输入端，造成芯片失效。

1.6.5　门电路

用以实现基本逻辑运算和复合逻辑运算的单元电路称为门电路。常用的门电路在逻辑功能上有与门、或门、非门、与非门、或非门、与或非门、异或门等几种。门电路的输入端或输出端只有两种状态，无信号以“0”表示，有信号以“1”表示。也可以这样规定：低电平为“0”，高电平为“1”，称为正逻辑。

1）非门，使输入的电平变成相反的电平，高电平（1）变低电平（0），低电平（0）变高电平（1）。

2）与门，只有两个输入同时高电平（1），输出高电平（1），否则，输出低电平（0）。

3）或门，只有两个输入同时低电平（0），输出低电平（0），否则，输出高电平（1）。

4）与非门，先两个信号相与，得到的信号再取反。

5）或非门，先两个信号相或，得到的信号再取反。

6）与或非门，先四个信号两两相与，得到的信号再相或，最后取反。

7）异或门，输入信号相同，输出低电平（0），输入信号相反，输出高电平（1）。

8）同或门，输入信号相同，输出高电平（1），输入信号相反，输出低电平（0）。

看资料或芯片手册的时候会经常遇到这些门电路符号，图 1-8 就是数字电路中的常用符号，知道这些符号有利于读者理解元器件的逻辑结构，尤其重点认识图中的“国外流行图形符号”。

序号	名称	GB/T 4728.12–2008		国外流行图形符号	曾用图形符号
		限定符号	国标图形符号		
1	与门	&	&		
2	或门	≥1	≥1		+
3	非门	逻辑非入和出	1 1		
4	与非门		&		
5	或非门		≥1		+
6	与或非门		& ≥1		+
7	异或门	=1	=1		⊕
8	同或门	=	= =1		⊙ ⊕

图 1-8　门电路符号

1.7 习题

1）在晶体管驱动电路中上拉电阻和下拉电阻的作用是什么？

2）什么是灌电流和拉电流，为什么驱动 LED 有时要加一个晶体管作为反相器？

3）阅读嵌入式开发板原理图，分析按键电路、蜂鸣器电路和用户 LED 灯电路等。

4）简单分析几种典型嵌入式操作系统的主要特点。

5）举出几个生活当中应用嵌入式产品的例子。

6）简述嵌入式系统开发流程、开发要点。

第 2 章　嵌入式 Linux 操作系统基础

2.1　嵌入式 Linux 概述

2.1.1　Linux 发展历史

Linux 是操作系统，确切地说是 GNU/Linux 操作系统。它的诞生、发展与 UNIX、MINIX 操作系统、GNU 计划、POSIX 标准以及 Internet 广泛应用有着莫大的关系。GNU 是一个组织，是一种操作系统也是一类规范。GNU 计划是 Richard M. Stallman 于 1975 年在麻省理工学院（MIT）所成立的自由软件基金会（the Free Software Foundation-FSF）中所执行的一项计划。Stallman 所领导的 GNU 计划就是要打破商业软件使用付费的枷锁；GNU 计划下的任何软件，不只提供软件使用权，也提供软件源代码；只要使用者能找到，任何人都可以使用该软件，甚至修改它的源代码。但 GNU 对使用者唯一的要求就是：当使用者对于 GNU 计划下的软件做了修改时，仍必须维持 GNU 的精神，即修改后的软件也应该无条件地奉献。

1991 年 4 月份由芬兰赫尔辛基大学计算机科学系的二年级学生 LinusTorvalds 开始开发。1991 年的 10 月 5 日，Linus 在 comp. os. minix 新闻组上发布消息，正式向外宣布 Linux 内核系统的诞生（Free minix-like kernel sources for 386-AT）。许多后来 Linux 的新版本发布时都选择了这个日子。

2.1.2　Linux 的特点和优势

Linux 操作系统之所以能在今天受到越来越多的用户青睐是因为它符合现代操作系统的要求和发展方向；即尽可能地方便用户使用、合理地组织工作流程、最大限度地提高计算机系统的资源利用率。Linux 具有以下一些特点。

1. 多用户

Linux 可以在服务器端运行，允许多个用户从相同或不同终端上同时使用同一台计算机，系统资源可以由多个用户拥有并共享使用，各个用户间互不影响。

2. 多任务

允许多个程序同时执行。它是以多道程序设计技术为基础，让多个程序装入主存（这时称为任务或进程）并“同时”执行。对于单 CPU 计算机系统，Linux 的任务调度管理进程会根据某种算法选择一个进程占有 CPU，并分配给它一个时间片段，一旦该时间片段用完不管这个进程是否完成都要撤离 CPU 并选择另一个进程占有 CPU，由于 CPU 的处理速度很快，所以用户感觉不到这种切换，好像多个程序在“同时”执行。

3. 移植性

Linux 操作系统有良好的可移植性，能够在多种硬件平台下运行，不仅可以运行在 Intel x86 系列的计算机上，还可以运行在其他如 Apple、AMD、ARM 和 MIPS 等系列计算机上。

4. 开放性

几乎所有的源代码都是开放的，包括核心程序、设备驱动程序等。任何人都可以通过 Internet 免费下载、使用、修改和发布它。

5. 稳定性

稳定性指计算机操作系统特别是网络操作系统是否容易因出错而“死机”。有人在使用中做过统计：三年中 Linux 每天开机 24 小时，死机次数不超过 5 次。

6. 安全性

Linux 的安全性好可以从 3 个方面来看，第一，Linux 操作系统采取了许多安全技术措施，如读、写和执行的权限控制，带保护的文件、I/O 子系统、审计跟踪、核心授权等；第二，由于是开放源代码，所以大大减少了操作系统存在未知“后门”的可能性；第三，由于 Linux 是由松散的组织开发的，使用它不会受到某家公司的控制。

7. 设备的独立性

设备的独立性指用户脱离具体的物理设备，而使用逻辑设备；用户不需要知道具体物理设备的特性，由操作系统来完成逻辑设备到物理设备的映射。Linux 的所有设备都是以文件的方式命名的，每一个设备是一个特殊类型的文件，用户访问设备就像访问文件一样的方便。当增加新设备时，在系统内核中添加必要的驱动程序以确保操作系统内核以相同的方式来处理这些设备。

8. 强大的网络功能

Linux 具有内置的 TCP/IP 协议栈，提供 FTP、TELNET、WWW 等通信服务，用户可以像在 Windows 中一样上网聊天、收发电子邮件等。利用 Linux 作为网络服务器操作系统可以构建 Web 服务器、Mail 服务器、FTP 服务器、数据库服务器、Samba 服务器和代理服务器等。

9. 支持多种文件系统

Linux 可以通过挂载的方式加入许多不同的文件系统，如 Windows 中的 FAT16/32、NTFS、OS/2 中的 HPFS 等。

10. 多样的程序开发工具

Linux 不仅可以用于进行系统管理工作，对于程序开发人员也是绝佳的选择，因为在 Linux 软件包中包含了诸如 Java、Gcc、Perl 和 Python 等常用开发工具。

2.1.3 Linux 的内核版本

任何软件都有版本号，Linux 也一样有两种表示形式，一个是内核（Kernel）版本，另一个是发行（Distribution）版本。

内核版本主要是 Linux 的内核，由 Linus 等人不断开发和推出。

Linux 内核的命名格式：

num1. num2. num3 或　num1. num2. num3-num4

其中，第一个数字是主版本号，第二个数字是次版本号，第三个数字是修订版本号，第四个数字是补丁号。如果次版本号是偶数，那么该内核就是稳定版的；若是奇数，则是开发版的。前面两个数字的组合可以描述内核系列。如稳定版的 2. 6. ×，它是 2. 6 版内核系列。

自从发布了第一个正式版本 Linux 1.0 以来，每隔一段时间就有新的版本或其修订版公布。发展到现在，Linux 内核稳定版的版本有 1.0. ×、1.2. ×、2.0. ×、2.2. ×、2.4. ×和 2.6. ×。

2.1.4 Linux 的发行版本

Linux 内核的发展过程中，各种 Linux 发行版本发挥了重要的作用，正是它们加快推动了 Linux 的应用。一些组织或厂商将 Linux 系统的内核与系统应用程序、说明文档包装起来，并提供若干系统安装界面和系统配置、设定与管理工具，就构成了一种发行版本（distribution），Linux 的发行版本其实就是 Linux 核心再加上一系列的系统应用程序组成的一个大软件包。

目前比较流行的在 x86 结构上的 Linux 系统发行版本有许多种，国外的如 Red Hat、Slackware、Debian、Turbo Linux、Ubuntu、Centos 等，国内的如红旗、Xteam、bluepoint Linux 等；它们都是以 Linux 内核为核心加上若干系统应用程序构成的操作系统。

Red HatLinux 是 Linux 最早的商业版本之一。它在一些国家市场上获得了较大的成功。Red Hat Linux 9.0 是基于 Linux 2.4.20 内核。Red Hat Linux 9.0 是最后一个 Red Hat Linux 稳定版，以后 Red Hat 公司就不再开发和发布桌面版 Linux，而是将桌面 Linux 项目和开源社区合作，改名叫 Fedora Project，新发行的桌面 Linux 也改名为 Fedora。Red Hat 公司专门做企业版的 Red Hat Enterprise Linux。

2.2 Linux 安装

如果计算机既需要 Windows 操作系统又需要 Linux 操作系统，那么用户就需要先安装 VMWare 虚拟机，这个比较简单，安装好后启动，单击“新建虚拟机”，如图 2-1 所示。

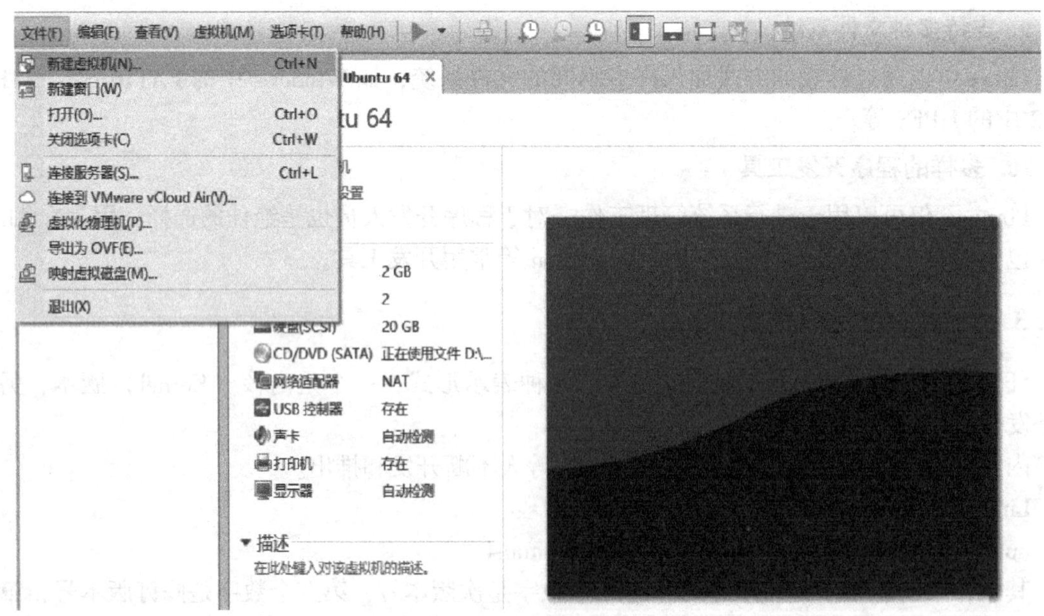

图 2-1　新建虚拟机

选择“自定义”，然后单击“下一步”按钮，如图 2-2 所示。

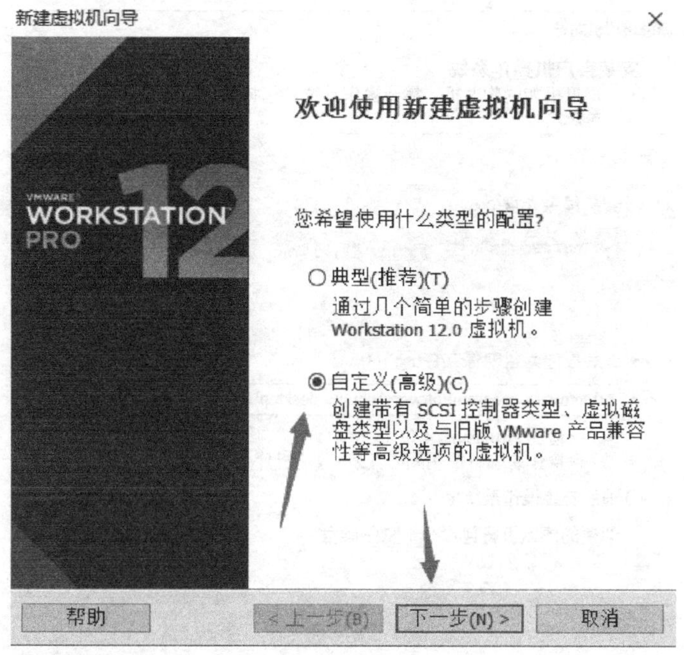

图 2-2　选择自定义

选择后，单击“下一步”按钮，如图 2-3 所示。

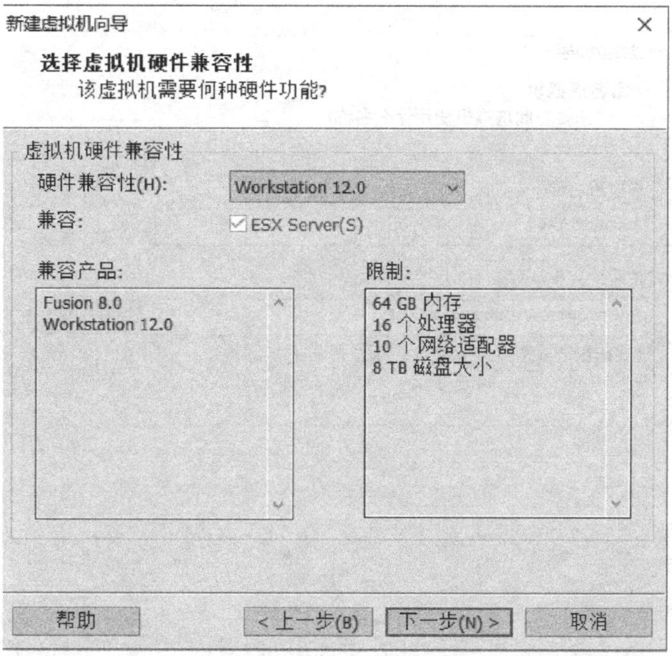

新建虚拟机向导

选择虚拟机硬件兼容性

该虚拟机需要何种硬件功能?

虚拟机硬件兼容性

硬件兼容性(H): Workstation 12.0

兼容: ESX Server(S)

兼容产品:

Fusion 8.0
Workstation 12.0

限制:

64 GB 内存
16 个处理器
10 个网络适配器
8 TB 磁盘大小

帮助　< 上一步(B)　下一步(N) >　取消

图 2-3　选择硬件兼容性

浏览到自己下载的 ubuntu 位置，选中后单击“下一步”按钮，如图 2-4 所示。

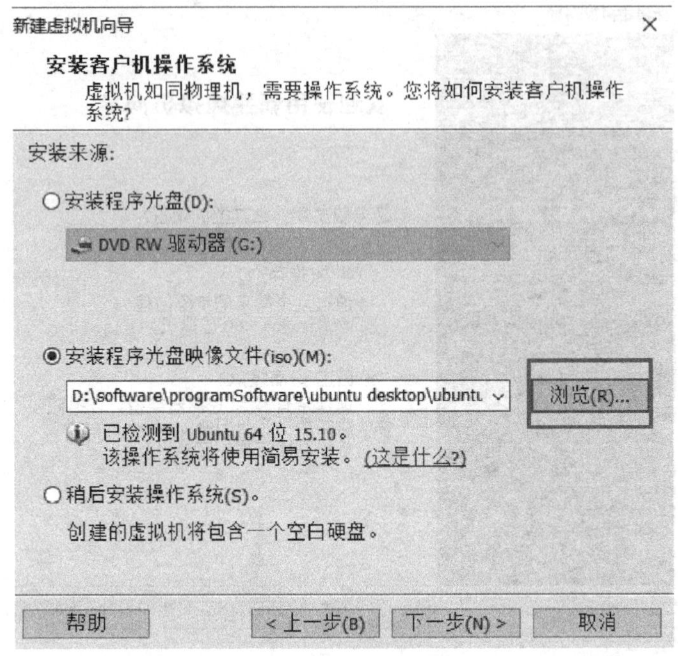

图 2-4　选择安装程序光盘映像文件位置

如图 2-5 所示，设置好名字，选择好文件位置，单击“下一步”按钮，虚拟机安装 ubuntu，设置处理器配置情况。

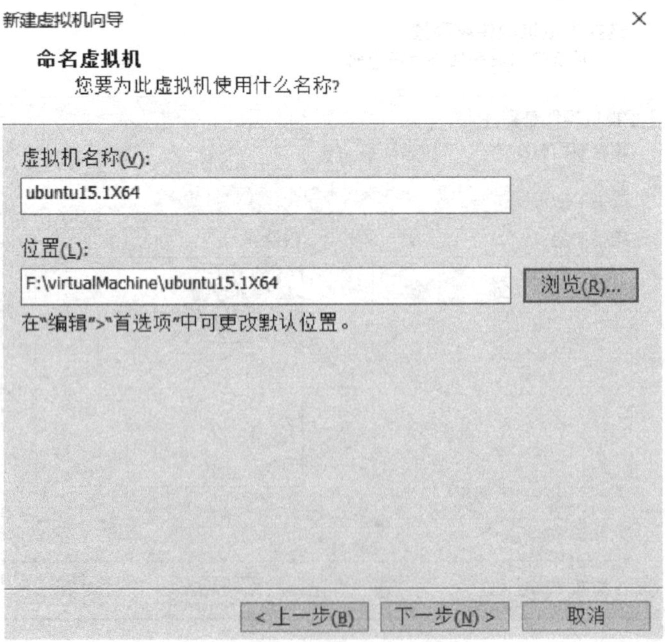

图 2-5　虚拟机名称和安装位置

如图 2-6 所示，这一步一般这样就可以了，也可以默认设置为 1 、1，一般都可以运行起来具体看自身计算机的配置，单击“下一步”按钮。

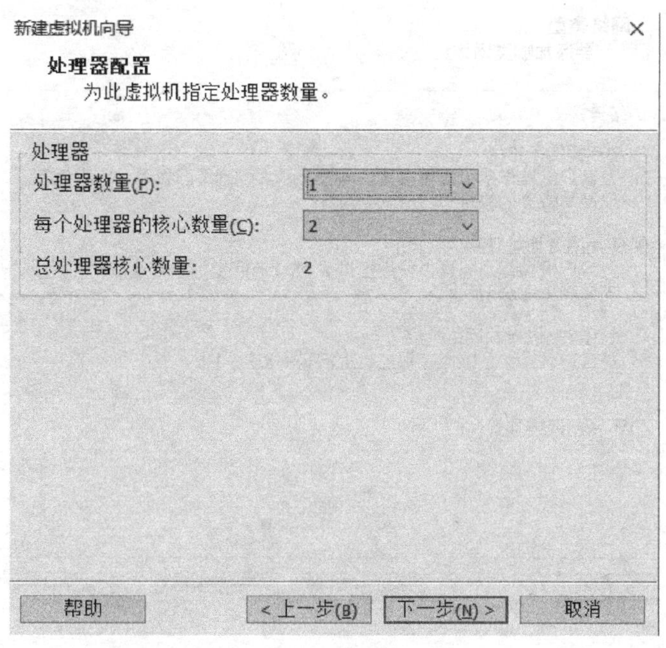

图 2-6　处理器配置

如图 2-7 所示，内存比较大，选择 2GB，用户可以使用推荐的内存，单击“下一步”按钮。

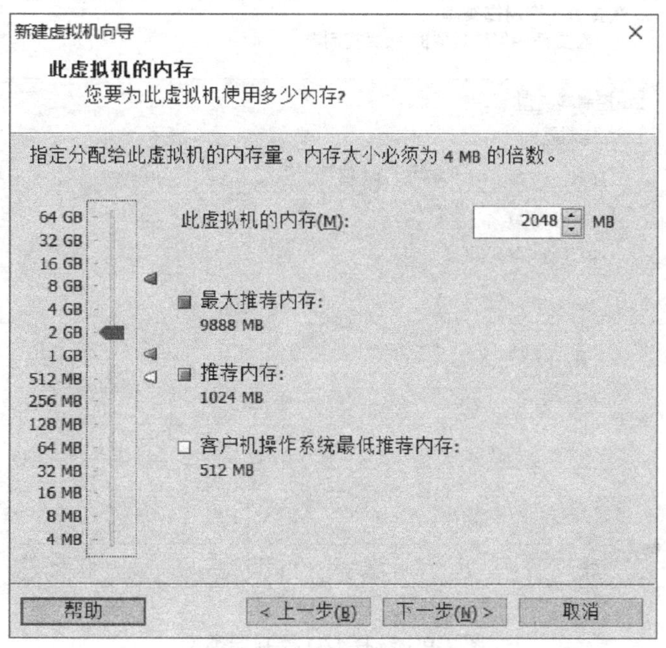

图 2-7　虚拟机内存配置

如图 2-8 所示，这个类型后续也可以修改，单击“下一步”按钮。

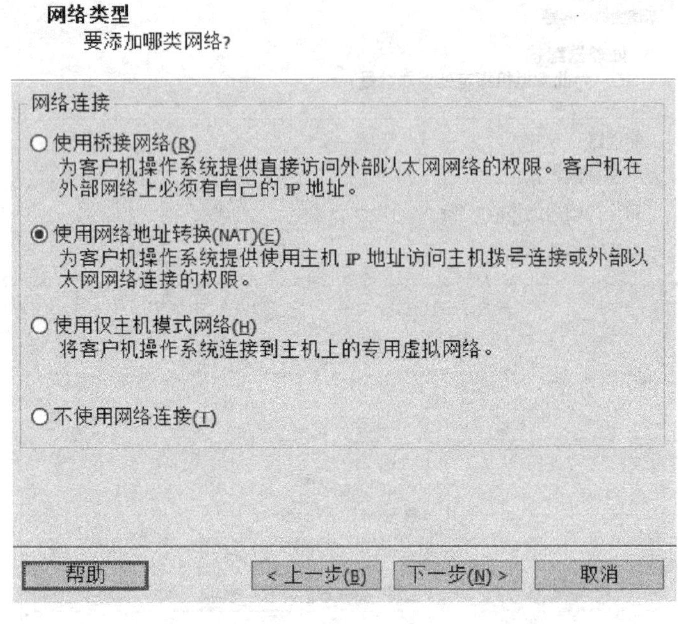

图 2-8　网络类型配置

如图 2-9 所示，使用默认，单击“下一步”按钮。

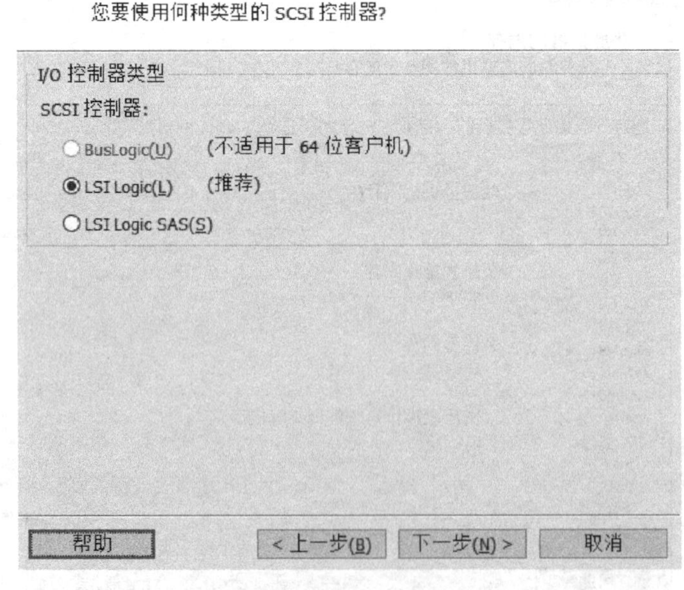

图 2-9　选择 I/O 控制器类型

如图 2-10 所示，默认设置，单击“下一步”按钮。

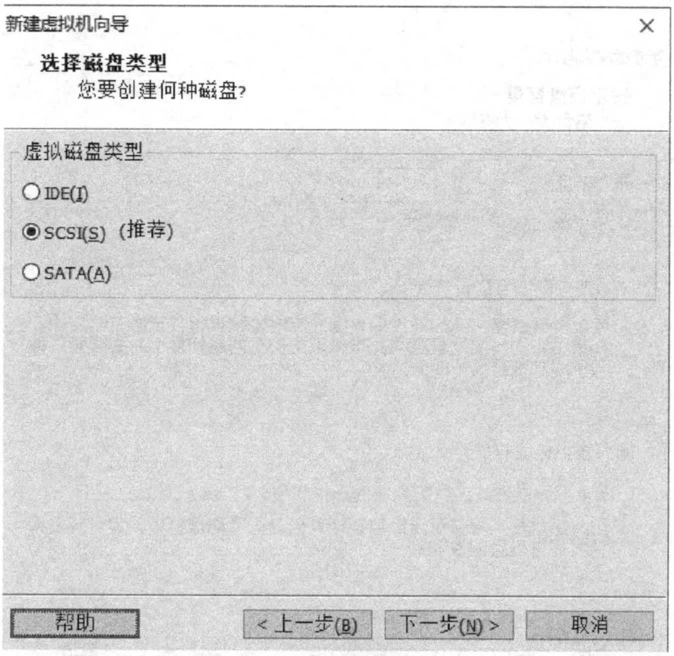

图 2-10　选择磁盘类型

如图 2-11 所示，默认设置，单击“下一步”按钮。

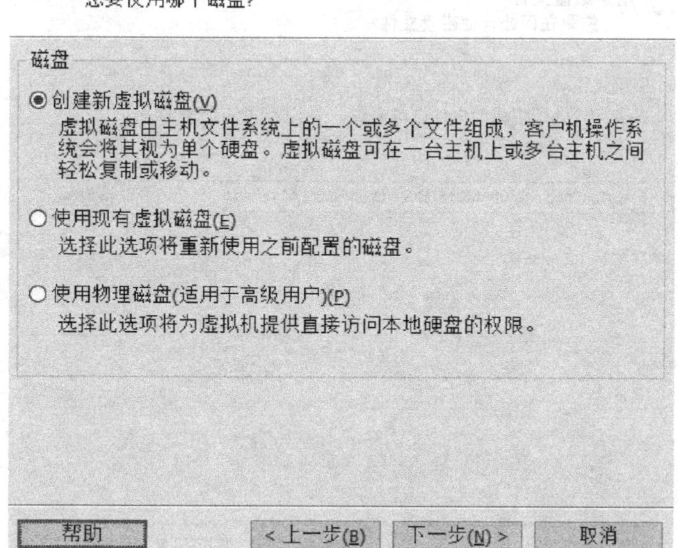

图 2-11　新建虚拟磁盘

硬盘大的设置 100GB 也没问题，建议立即分配，如图 2-12 所示，设置后单击“下一步”按钮。

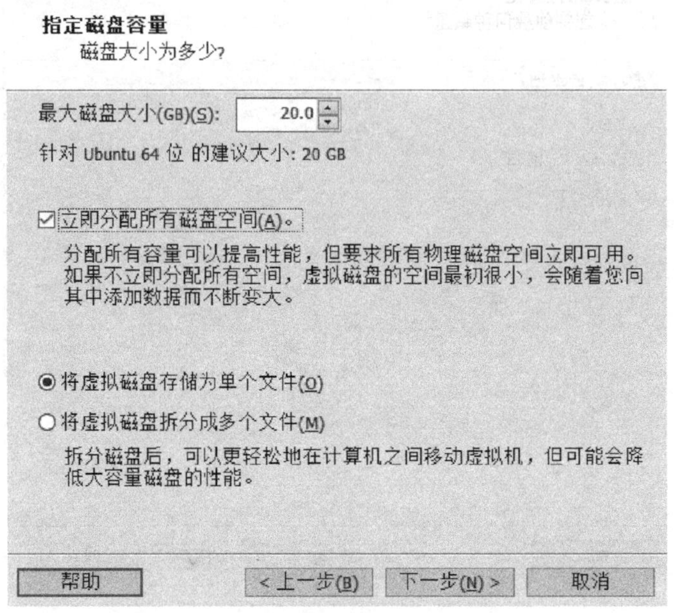

图 2-12　指定磁盘容量

如图 2-13 所示，设置好位置，单击“下一步”按钮。

图 2-13　磁盘文件存放位置

可以自定义硬件，如图 2-14 ~ 图 2-17 所示，可以把不需要的去掉。

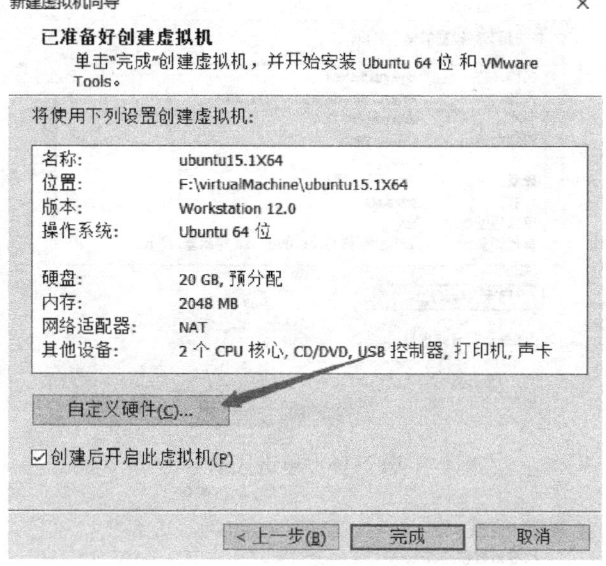

图 2-14　自定义硬件

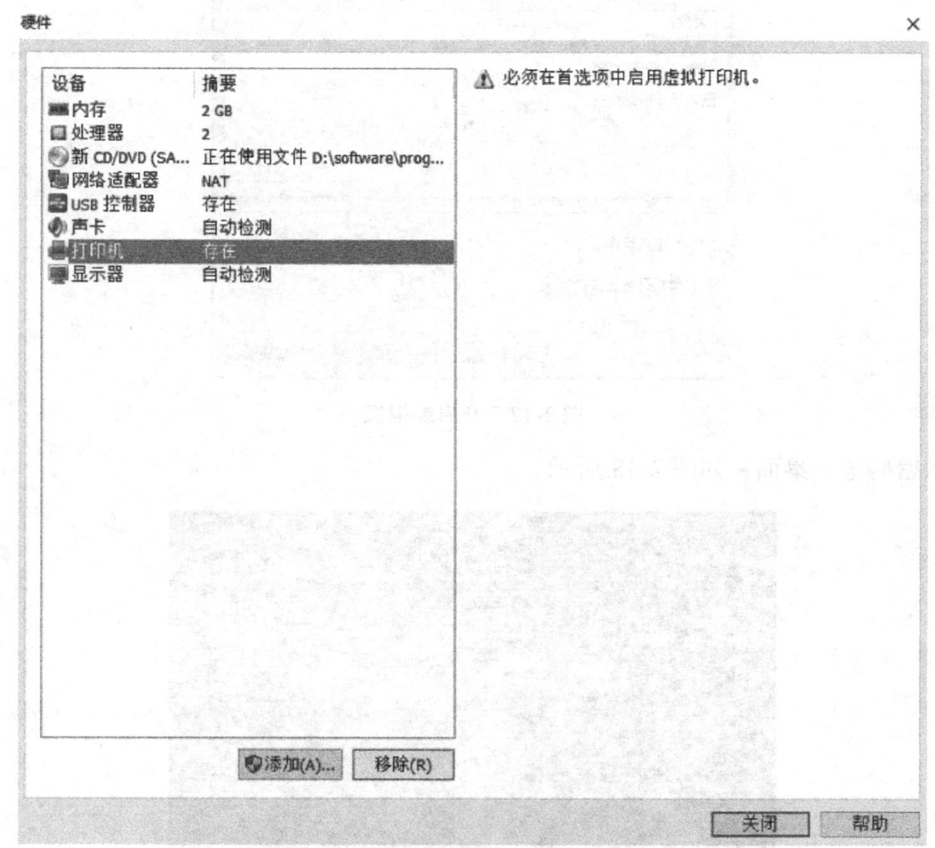

图 2-15　移除虚拟打印机

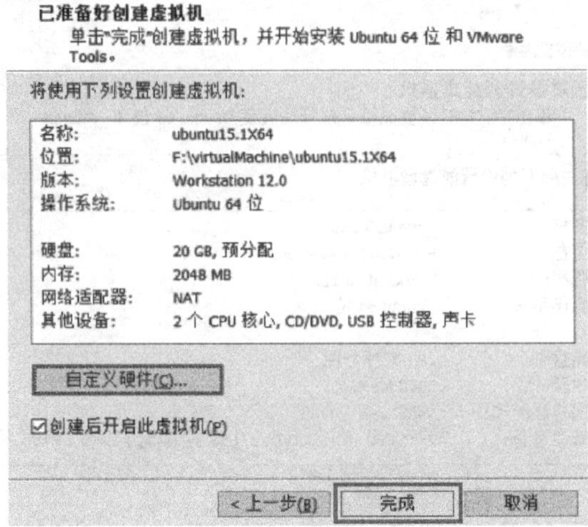

图 2-16　单击完成

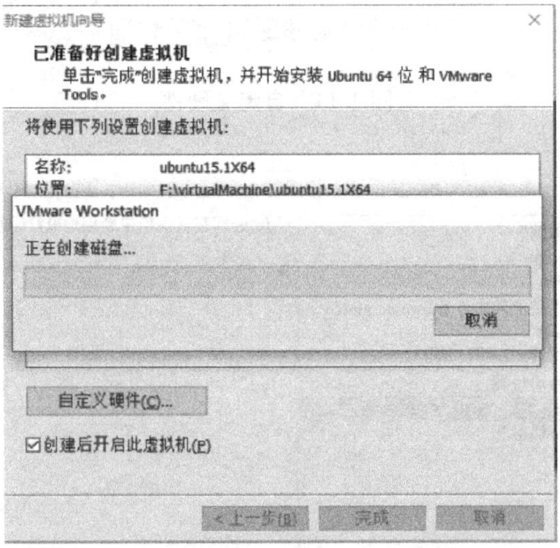

图 2-17　开启虚拟机

输入密码进入桌面，如图 2-18 所示。

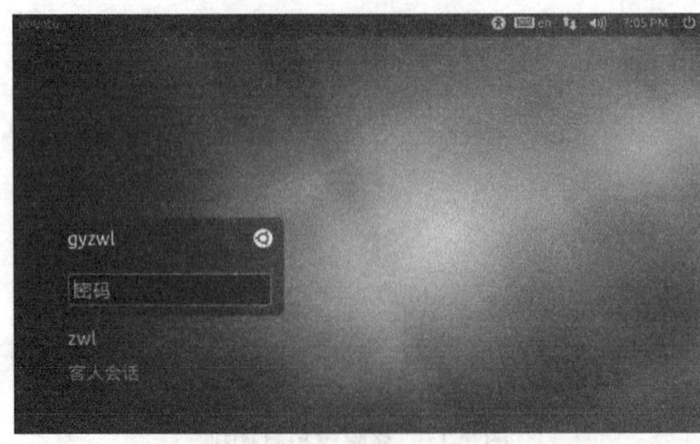

图 2-18　ubuntu 桌面

设置虚拟机中 ubuntu 系统的语言为中文。单击 Dash 主页输入 set，搜索到系统设置工具，如图 2-19 所示。

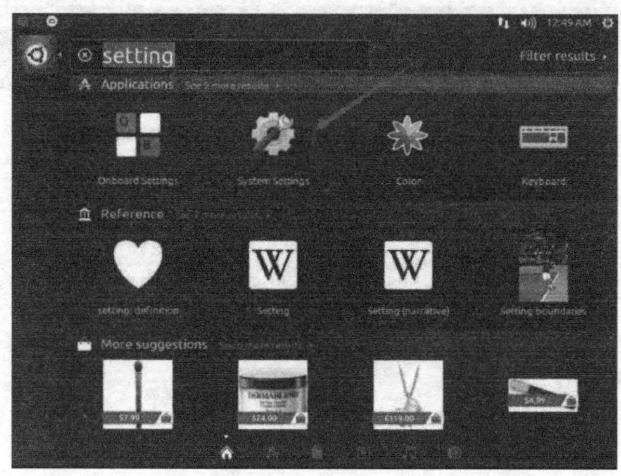

图 2-19　系统设置工具

单击语言支持应用程序，如图 2-20 所示。

图 2-20　单击语言支持

可以看到在语言选项卡中没有安装汉语，选择“安装或删除语言”（Install//Remove Languages）按钮，如图 2-21 所示。

选择安装简体中文，如图 2-22 所示。

<Ctrl> + <Space>（空格）切换输入法。

图 2-21　安装语言

图 2-22　安装简体中文

改变字体大小可以单击屏幕右上角系统设置快捷按钮，如图 2-23 所示。

图 2-23　单击系统设置按钮

单击 System Settings... 弹出系统设置界面，单击 Universal Access 即通用辅助功能设置文字大小，如图 2-24 所示。

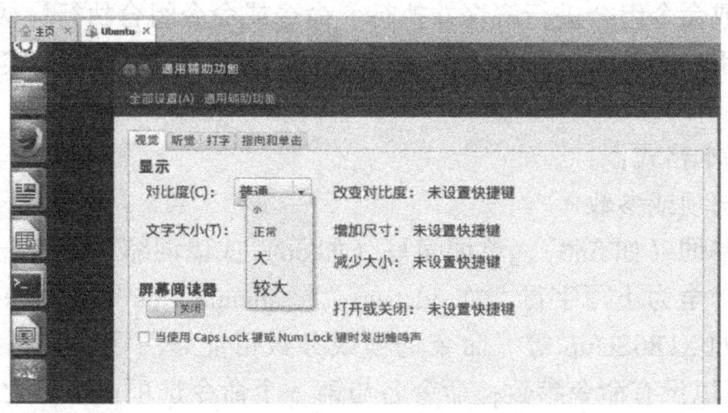

图 2-24　选择字体大小

2.3　Linux 用户接口

操作系统是用户与计算机硬件之间的接口；为了方便用户使用，也为了计算机系统的安全，要求用户通过这类接口来控制和使用计算机，组织用户的作业流程。Linux 操作系统提供给用户使用的接口有三类：命令接口、图形接口和程序接口。

用户通过终端键盘输入操作系统的命令、命令组合或 shell 脚本程序（名）来控制用户作业的运行；系统可以通过终端显示器告诉用户作业运行的结果。使用命令接口时用户可以采用联机方式或脱机（批处理）方式，因此该接口又可分为联机用户接口和脱机用户接口。

进入 Linux 的控制台终端，登录计算机系统后即可看到光标命令提示符（通常超级用户为#字符，普通用户为$字符，也可以根据用户自己的喜好修改为其他字符）；这表明 Linux 操作系统已经接管并控制了计算机，正在等待用户输入命令。

ubuntu 打开终端方法：

在桌面任意空白处，按 <Ctrl> + <Alt> + <T> 组合键。或者单击打开左上角的 Dash 主页图标，输入 terminal，可以将终端图标拖到快速启动栏，如图 2-25 所示。

图 2-25　终端图标拖到快速启动栏

（1）联机用户接口

联机用户接口由一系列的键盘操作命令或命令组合组成。Linux 的命令解释程序对用户从键盘输入的命令或命令组合进行解释并执行，命令或命令组合执行完成后系统控制又返回终端键盘继续等待用户的输入。用户与计算机之间以联机交互的方式实现对用户作业的控制，直至作业完成。

Linux 的命令基本格式：

命令名　命令选项或参数

命令名可能是单词（如 find）、单词缩写（如 cp）或单词缩写的组合（如 mkdir）；绝大多数命令名中的字母全为小写字母，如 cd、cp、ls、mount、ps 等；只有极少数命令中的字母包含大写字母，如 XF86Setup 等。命令选项或参数可能是一个，也可能有多个（参数列表），有的命令也可以没有命令参数；命令名与第一个命令选项或参数之间以及各个命令参数之间均用空格字符分隔，命令选项或参数通常以横杠字符"-"开始，如 ls -a-l、但一般简写为 ls -al 即可。

当用户在系统光标命令提示符下输入命令或命令组合并按 <Enter> 键执行后，在多数情况下 Linux 操作系统都将命令执行的结果显示在终端屏幕上，但是，有些命令执行后没有任何反馈消息显示，是因为 Linux 秉承了 UNIX 操作系统的特性，即没有任何消息就是好消息，这是与 MS-DOS、Windows 操作系统的很大差别。例如，执行下面的文件更名命令：

```
mv t1.txt/mnt/t2.txt
```

若文件更名成功，Linux 在终端显示器上将不显示任何信息，只有在更名失败的情况下，Linux 才显示出错的原因。

（2）脱机用户接口

脱机用户接口由 shell 脚本程序和命令解释程序（shell）组成。Linux 的命令解释程序对用户从键盘输入的脚本程序名进行解释并根据脚本程序中所编写的 shell 命令要求去执行，脚本程序执行完成后系统控制又返回终端键盘继续等待用户的输入。在脚本程序执行期间，如果没有要求用户输入的选项，一般情况下用户除了可以用控制台中断（<Ctrl> + <Break>）外，无法干预计算机的执行，用户与计算机之间以脱机批处理的方式实现对用户作业的控制，直至作业完成。

（3）图形接口

命令接口最大的优点就是命令执行快捷，对系统硬件要求低，系统资源损耗低，但是对用户的命令熟练程度要求高。Linux 操作系统的命令很多、命令的各种选项和参数也很多，一般用户（非计算机或相关专业）要掌握它比较困难。操作系统中使用了图形接口后，大大拉近了计算机与用户之间的距离。

图形桌面与命令行界面互相切换，按下组合键 <Ctrl> + <Alt> + <F2> ~ <F6> 进入命令行界面。要想回到桌面界面，按组合键 <Ctrl> + <Alt> + <F7>。

（4）程序接口

程序接口是操作系统为编程者提供的接口，一般以系统调用的形式存在。为了操作系统的安全，一般不允许用户直接使用计算机系统中的资源，如内存的分配、设备的启动等；如果用户确实需要涉及这类系统资源的分配、使用和回收操作就必须通过操作系统的系统调用来实现。因此，系统调用是沟通应用程序与操作系统内核之间的桥梁。

2.4 Linux 文件及文件系统

在 Linux 操作系统中把 CPU、内存以外的所有设备都抽象为文件来处理。例如：Linux 系统把鼠标看成文件/dev/mouse，目录也是一种文件类型，内核被看成 vmlinuz 文件或 bzImage 文件。甚至终端也被看成文件（如/dev/tty2）。因此，要让 Linux 系统平稳地运行，必须要了解文件和文件结构。

1. Linux 系统中的文件类型

（1）普通文件

所有用编辑程序、语言编译程序、数据库管理程序等产生的文本文件、二进制文件、数据文件等都是普通文件。

（2）目录文件

用于存储文件名和其他有关文件信息的文件，即用于检索文件的文件。目录文件可以包含下一级目录文件和普通文件，每一级的目录文件都是如此，以便在系统中形成一棵目录树。

Linux 的目录文件由目录项构成，它包括两个部分：即文件名和文件号，文件号被称作 i 节点号。

（3）链（连）接文件

在 Linux 系统中文件或目录的共享通过创建链接的方式来实现。Linux 与 UNIX 一样支持两种类型的链接；第一种是硬链接，它是复制指向相同存储区的目录条目，第二种是软链接（也称为符号链接）。

硬链接是有着相同 inode 号仅文件名不同的文件，硬链接的文件可以被移动或编辑，这并不影响实际的文件。

软链接文件用户数据块中存储的内容是另一文件的路径名的指向，软链接就是一个普通文件，删除软链接并不影响被指向的文件，但若被指向的原文件被删除，则相关软链接被称为死链接（即 dangling link，若被指向路径文件被重新创建，死链接可恢复为正常的软链接）。就像在 MS Windows 中为某个应用程序建立快捷方式后，如果该应用程序被删除，则系统不会自动删除对应的快捷方式一样。

（4）设备文件

设备文件是 Linux 系统中比较特殊的一类文件，设备文件有时也称为特别文件。通过这类文件用户才可以访问计算机系统的外部设备，如磁盘、打印机等。

逻辑设备是实际物理设备属性的抽象，它并不限于某个具体设备。例如，逻辑设备 LPT1 可以是并行打印机，也可以是其他并行设备；可以是 0 号打印机，也可以是 1 号打印机。

在 Linux 系统中，设备文件通常存储在/dev 目录下。从设备文件的名称可以看出它使用设备的主设备号和次设备号来指定外设，主设备号用于说明设备类型，而次设备号用于说明具体是哪一个设备。

例如，设备文件/dev/hda 指的就是系统中的第一个硬磁盘驱动器。其中 hd 是硬磁盘的英文缩写（hard disk），同时也是主设备名；而 a 是次设备名，表示第一个硬磁盘。如果有多个硬磁盘，则以 hda、hdb 等表示；如果每个磁盘上有多个分区，则在次设备号后用数字编号来表示分区，如 hda0、hdb3 等。

设备文件还可细分为块设备和字符设备两种。块设备指以固定长度的数据块为单位来组织和传送数据的设备，如磁盘、磁带等；字符设备指以单个字符为单位来传递信息的设备，如终端显示器、打印机等。

2. 文件权限

Linux 采用存取控制表（access control lists）机制，把用户与文件的关系定为三类。

1）第一类是文件所有者（文件主），即创建文件的人。

2）第二类是同组用户，即几个有某些共同关系的用户组成的集体。

3）第三类是其他用户。

Linux 把文件权限也分为三类。

1）第一类是可读，用 r 表示。

2）第二类是可写，用 w 表示。

3）第三类是可执行，用 x 表示。

每一类用户的文件权限设置成三位，如果为可读、可写、可执行，则表示为 rwx；如果没有某类权限，则用-表示；例如，某类用户的文件权限为 r-x，表示该类用户对文件只有读、执行权限，而没有写的权限。因此，一个文件需要用 9 位来表示三类用户的文件权限。

实际上在 Linux 系统的终端中用 ls-l 命令查看一个文件的权限时，系统显示的是文本视图，用户看到的是 10 个字符，第 1 个字符表示文件类型，如果为-表示普通文件、b 是块设备文件、c 是字符设备文件、l 是连接文件、d 是目录文件、s 是隐藏文件。第 2 ~ 4 个字符表示文件主的权限，第 5 ~ 7 个字符表示同组用户的权限，第 8 ~ 10 个字符表示其他用户的权限。例如，显示为-rw-r--r--。

Linux 系统除了文本视图外，还可以采用数字视图，用 9 个二进制位表示权限。每个二进制位为 1 表示可读（显示 r）或可写（显示 w）或可执行（显示 x）；为 0 表示不可读或不可写或不可执行（显示-）。数字视图主要在文件权限修改命令中使用，用三位二进制一组的八进制数字（0 ~ 7）输入，如图 2-26 所示。

```
drwxr-xr-x   2 root root          60 Nov 25 00:54 cpu/
crw-------   1 root root     10,  60 Nov 25 00:54 cpu_dma_latency
drwxr-xr-x   5 root root         100 Nov 25 00:53 disk/
crw-rw---T+  1 root audio    14,   9 Nov 25 00:54 dmmidi
drwxr-xr-x   2 root root          80 Nov 25 00:54 dri/
lrwxrwxrwx   1 root root           3 Nov 25 00:54 dvd -> sr1
lrwxrwxrwx   1 root root           3 Nov 25 00:54 dvd1 -> sr0
lrwxrwxrwx   1 root root           3 Nov 25 00:54 dvdrw -> sr1
lrwxrwxrwx   1 root root           3 Nov 25 00:54 dvdrw1 -> sr0
crw-------   1 root root     10,  61 Nov 25 00:54 ecryptfs
crw-rw----   1 root video    29,   0 Nov 25 00:54 fb0
```

图 2-26　目录列表显示

文件的类型还可以通过文件的颜色来判断，蓝色为文件夹；绿色是可执行文件；浅蓝色是链接文件；红框文件是加了 SUID 位，任意权限；红色为压缩文件；黄色为设备文件。

3. 文件系统

文件系统是操作系统中实现对文件的组织、管理和存取的一组系统程序和数据结构，或者说它是管理软件资源的软件，对用户来说它提供了一种便捷地存取信息的方法。

不同的操作系统可能会采用不同的文件系统，例如，MS-DOS 的 msdos 文件系统，Windows 的 FAT16、FAT32、NTFS 等文件系统。Linux 操作系统自身采用的是 ext2 或 ext3 文件系统，目前 ext3 文件系统是 Linux 默认的文件系统；Linux 系统能支持使用许多种类的文件系统，即这些文件系统可以挂接在 Linux 系统的某一个安装（挂接）点上，并由 Linux 系统来访问它们。

在 Linux 操作系统中把 ext2 或 ext3 以及 Linux 系统所支持的各种文件系统称为逻辑文件系统。逻辑文件系统按照某种方式对系统中的所有设备，包括字符设备、块设备和网络设备进行统一管理，并为这些设备提供访问接口。

2.5 Linux 目录结构

Linux 系统的文件系统与现代其他操作系统一样采用树形目录结构，对用户而言，所看到的文件系统目录结构就像一棵倒置的树，称为目录树，如图 2-27 所示。整个目录树有一个根节点“/”，称为 root，树的根就是整个文件系统的最顶层目录，即根目录；每一个子目录都是目录树的枝节点，都可以作为独立的子树，即每一个子目录又可以包含文件和下级子目录；每一个文件在目录树上表现为一个叶子节点，它们位于目录树的末端。

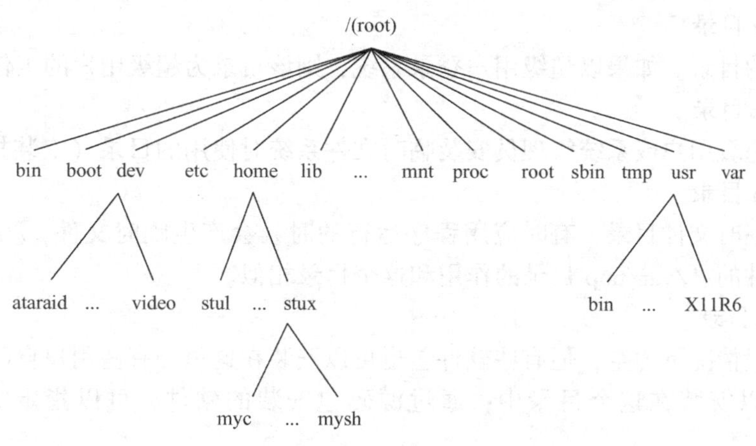

图 2-27 Linux 目录结构

从严格意义上来说，真正的目录树应该使每一个目录或文件都有唯一的绝对路径，但是，由于 Linux 系统中文件或目录的共享采用创建链接的方法，所以造成目录树由树形结构变成网状结构。

1. 根目录

在安装 Linux 系统时会创建根分区并在此安装逻辑文件系统 ext2 或 ext3 的根目录。在该目录下只有一些系统的隐藏文件（以 . 文件名表示）和系统固定设置的一些子目录。

所有目录建立时，系统都会自动建立两个目录文件，“.”和“..”；前者代表该目录文件自身，后者代表该目录的父目录。

2. 基本目录

(1) /bin 目录

该目录下存储的大多是二进制文件的可执行程序，也有一些较小的可执行程序是 shell 脚本程序。这些程序都是系统程序，实际上用户所使用的许多命令就是该目录中的程序。例如，cp 复制文件命令、date 查看日期命令、ls 查看当前目录内容命令、rm 删除文件命令、mv 文件移动或更名命令等。

(2) /sbin 目录

该目录与/bin 目录类似，也是存储二进制文件的可执行程序、shell 脚本程序和一些符号链接文件，这些程序也是 Linux 系统的命令，不过这些命令是给超级用户或系统管理员进行系统维护使用的，普通用户没有使用它们的权限。例如，badblocks 检查磁盘设备中损坏的区块命令、ifconfig 显示或设置网络设备命令、mkfs 建立各种文件系统命令、fdisk 磁盘分区命令、shutdown 系统关机命令等。

(3) /lib 目录

该目录下存储是系统应用程序运行时所需要的动态链接库程序、shell 脚本程序和一些符号链接程序。

(4) ./boot 目录

该目录下存储系统引导、启动时使用的一些文件和目录，如 grub 目录、vmlinuz 内核压缩文件以及必要的内核映象文件等。

(5) ./root 目录

超级用户的目录。如果以超级用户登录系统，则该目录为超级用户的工作目录。

(6) ./mnt 目录

该目录为超级用户或系统管理员安装临时文件系统时使用的目录（安装挂接点）。

(7) ./tmp 目录

该目录为临时文件目录，有时应用程序运行的时候会产生临时文件，/tmp 目录就是用于存储临时文件的。/var/tmp 目录的作用和这个目录相似。

(8) ./opt 目录

该目录一般情况下为空，但有些软件包也可以安装在这里，有些用户自己下载、编译的软件包，就可以安装在这个目录中；通过源码包安装的软件，可以指定 ./configure——prefix = /opt/目录。

(9) ./tftpboot 目录

该目录是实现 TFTP 服务的默认下载目录。TFTP 服务在嵌入式系统开发中连接目标板与宿主机，目标板通过 TFTP 服务器从宿主机下载程序与数据。

(10) ./lost + found 目录

在 ext2 或 ext3 文件系统中，当系统意外崩溃或计算机非正常关机时会产生一些文件碎片，这些文件碎片就存储在这个目录里。当系统重新启动时 fsck（文件系统检查）程序会检查这个目录，并试图修复已经损坏的文件系统。有时系统发生问题，有很多的文件也会被移到这个目录中，也可以用手工的方式来修复，或移到文件到原来的位置上。

(11) ./etc 目录

该目录下保存着关系到系统运行方式的重要配置文件，如系统的运行级、系统启动的服务、用户账户信息、组账户信息等。以下列举了几个嵌入式开发经常用到的文件。

mtab 由于系统运行中可能会挂接、安装一些文件系统，所以该文件保存当前已安装的文件系统列表。当使用 df-a 命令查看全部文件系统时，会读取这个文件的信息。该文件由脚本程序执行初始化，并由 mount 命令自动更新。

hosts：记录本地主机的回送地址、IP 地址以及域名。相关的还有 hosts. allow 文件，记录允许使用本地服务器的主机名；hosts. deny 文件，记录禁止使用本地服务器的主机名。

httpd：记录 http 所需要装载的模块、监听的端口号、服务端与客户端数据等信息。

issue：该文件中已经包含有 Linux 系统的发行套件名称、发行版本号和内核版本号的信息，系统管理员可以在该文件中添加对用户的欢迎信息、系统登录的简要说明等，让用户在登录前就看到这些信息。

passwd：记录系统中所有用户的信息。

profile：系统启动或用户登录时 Bourne shell 执行的脚本文件。系统管理员使用该文件可以为所有用户建立全局缺省环境。

sudoers：该文件记录着主机、用户、命令的别名以及用户有执行哪些命令的权限。该文件只能用 visudo 命令编辑，vi 命令只能作为只读方式打开。

(12) ./dev 目录

该目录包含系统中所有块设备和字符设备的文件。Linux 系统所支持的各种硬件设备都对应着该目录中的一个文件。

(13) ./home 目录

该目录下存储普通用户的工作主目录。每一个用户在注册时，系统都会在该目录下创建一个与该用户名相同的工作主目录，用户登录系统后建立的目录和文件都保存在自己的工作主目录中。

(14) ./usr 目录

许多应用程序默认安装在该目录和该目录下的一些子目录。用户自己编译与安装的程序在/usr/local 目录下。

以下简要介绍/usr 目录下的部分常用目录。

1) bin：该目录下有许多系统命令和用户的应用程序，如 clear、dir、gcc、passwd、usermount、userinfo 等。

2) include：该目录存储 C 语言的头文件，供程序开发者使用。该目录为 C 编译器默认的头文件目录。

3) lib：该目录是 Linux 系统和用户应用程序的部分函数库。

4) libexec：该目录存储被其他程序调用执行的系统服务程序。

5) local：用户自己编译与安装的程序最好存储在该目录下，这样可以使系统结构清楚、维护方便。

6) sbin：该目录下存储许多系统管理命令，如 useradd、userdel、usermod、visudo、setup等；但普通用户对这些命令没有执行的权限。

7) share：该目录下存储的是整个系统共享的文件。

8）src：该目录存储 Linux 系统源程序（要安装系统内核开发部分模块）。

9）X11R6：该目录下存储 X Window 系统的应用程序、配置文件、头文件和库函数等。

2.6 课后实训

1）安装虚拟机和 ubuntu 系统，配置网络通过系统自带的火狐浏览器上网。

2）ubuntu 的快捷键练习：

- <ALT> + <TAB>，在应用间顺向预览窗口，<ALT> + <TAB> + <SHIFT>键可逆向预览窗口。
- <ALT> + <F2>，打开命令窗口，可输入命令启动应用程序。
- <CTRL> + <ALT> + <T>，打开新的终端。
- <Alt> + <F4>，关闭窗口。
- <CTRL> + <ALT> + <Fn>（$n=1\cdots\cdots6$）切换到第 n 个文本终端。
- <CTRL> + <ALT> + <F7>切换到图形界面。

3）cd/回到根目录，使用 tree 命令，tree -L 1 和 tree -L 2 命令查看当前第一级和第二级文件和目录结构。使用 tree -L 2 >/home/tree. txt 命令将目录结构输出到 tree. txt 文件中，并打开查看。

4）查找资料在 ubuntu 下安装搜狗、紫光华宇、谷歌拼音或者五笔输入法。

2.7 习题

1）Linux 系统中的文件属性与 Windows 系统的文件属性有何区别？

2）为什么在多用户、多任务的系统中不能以切断电源的方法关闭计算机？

3）Linux 系统为用户提供了哪些接口？各有何用途？

4）说出下列目录中存储的是哪些文件。

/etc

/etc/rc. d/init. d/

/bin

/sbin

/var/log

/etc/samba

/mnt

第3章　嵌入式Linux使用基础

3.1　嵌入式Linux开发常用操作命令

3.1.1　用户登录和账号管理相关命令

Linux作为多用户、多任务的操作系统，其系统资源是所有用户共享的。任何要使用系统资源者必须先在系统内登记、注册，即开设用户账户，该账户包含用户名、口令、所用的shell、使用权限等；为了计算机系统的安全，Linux会对每一个要求进入系统的用户验证他们的用户名和口令，如果验证通过则用户登录成功，否则系统拒绝登录，如图3-1所示。

图3-1　ubuntu登录界面

如果以超级用户的root账户登录，则终端提示符为#。如果以普通用户登录，则终端提示符为$。在命令模式下输入的口令没有任何显示，口令正确则进入系统，否则继续输入用户名和口令。

1. 添加用户

添加用户最常用的命令就是useradd命令，如下的命令将添加一个名为zwl的新用户：

```
#useradd zwl
```

该用户默认的工作主目录是/home/用户名，即Linux系统会自动在/home目录下创建一个以用户名命名的目录作为用户的工作主目录，并向该目录复制 . bash、. logout、. bash、. profile、. bashrc、. gtkrc文件和 . kde目录；系统默认用户使用的shell是bash。如果用户不想要默认的设置，则必须在命令中明确指定-d和-s参数，-d工作目录，指定用户登录系统后所使用的的工作主目录。-s shell指定用户的登录后所使用的shell。使用户要指定shell的绝对路径，例如：/bin/csh。

2. 设置口令命令

设置口令的命令是 passwd，如果要用该命令为其他用户设置口令，则只能由超级用户或有超级用户权限的系统管理员才能完成；如果是普通用户只能改变该用户自己的口令。

基本用法：

#passwd [user_name]

例如，为新添加的用户 zwl 设置口令：

#useradd zwl　　添加新用户账户
#passwd zwl　　设置新口令

Linux 并不回显密码（*号），所以输入的这些字符用户是看不见的。

3. 改变用户身份 su 命令

有时超级用户或者系统管理员不在服务器的控制台，而要在普通用户的终端上进行修改一些配置、执行一些命令，这时就要暂时改变用户的身份，从普通用户切换到超级用户进行操作或执行命令。如果只是改变身份，则使用 su 命令；如果要改变身份并执行命令，则可以使用 sudo 命令。

su 命令也可以用于普通用户之间的身份变换。从普通用户改变身份到超级用户之前需要输入超级用户的口令，从一个普通用户身份改变到另一个普通用户身份前同样也要输入新用户的口令；而从超级用户身份变为普通用户则不需要密码，因为超级用户已经有最高的权限。

当 su 命令不带“-”选项时，只是切换了用户的身份，但其工作目录并没有切换，这在使用中务必需要注意。例如，从超级用户身份切换到普通用户身份时，若只是使用不带“-”选项的 su 命令，则切换后执行不带选项和参数的 ls 命令时会出现权限不够的提示，这是因为工作目录没有切换而普通用户是无权浏览超级用户的目录，如图 3-2 所示。

```
gyzwl@ubuntu:~$ su -
密码:
root@ubuntu:~# su - gyzwl
gyzwl@ubuntu:~$ ls
examples.desktop  tmp  公共的  模板  视频
gyzwl@ubuntu:~$ su -
密码:
root@ubuntu:~# su gyzwl
gyzwl@ubuntu:/root$ ls
ls: 无法打开目录.: 权限不够
gyzwl@ubuntu:/root$
```

图 3-2　su 命令

4. sudo 命令

该命令允许用户以其他身份执行指定的命令，系统预设的身份为 root；其他用户的身份可以在命令中指定也可以在/etc/sudoers 文件中设置。通过 sudo，用户能把某些超级权限有针对性的下放，并且不需要普通用户知道 root 密码，所以 sudo 相对于权限无限制性的 su 来说还是比较安全的，sudo 是需要授权许可的，所以也被称为授权许可的 su。如果未经授权的用户试图执行 sudo 命令，则系统会发送警告信息的邮件给系统管理员。

3.1.2 文件与目录管理命令

1. 目录切换

当用户需要对某个目录下的若干文件进行编辑、复制、删除或移动等操作时，需要从一个目录进入到另一个目录，即目录的切换。

命令用法：

#cd [dir]

#cd .. 回到上一级目录

#cd ../.. 跳到目前目录的上上两层

#cd 或者#cd ~ 回到自己的默认工作目录

#cd - 可进入上一个进入的目录

#cd /usr/local/bin 进入该路径下的 bin 目录

2. 显示当前目录

用户有时需要知道自己当前所在工作目录的绝对路径信息。则可以使用 pwd 命令查看，如图 3-3 所示。

```
root@ubuntu:/home/gyzwl# pwd
/home/gyzwl
root@ubuntu:/home/gyzwl#
```

图 3-3 查看当前目录

3. 建立目录

当用户需要对自己的文件分类存储或需要把某些文件让其他用户共享时就需要建立相应的目录。

命令用法：

mkdir [选项] 目录

选项-p 可以是一个路径名称。此时若此路径中的某些目录尚不存在，加上此选项后，系统将自动建立好那些尚不存在的目录，即一次可以建立多个目录。

例：#mkdir -p ./hello/my 该实例使用选项“-p”一次创建了./hello/my 多级目录。如果 my 的上级目录 hello 不存在，不加-p 则创建不了这个多级目录。

选项-m 在建立目录时，设置目录权限。因为系统默认新建目录的用户权限数字代码是 755。如果让所有用户都有 rwx 权限，执行 mkdir -m 777 my。

4. 文件或目录复制

对用户而言，复制文件或目录就是把需要的文件或目录从目录树上的一个位置复制到另一个指定的位置。

命令用法：

cp[选项]源 目的

[选项]可以为-f(强行复制)或-r(递归复制)

例：#cp -a tool /home/leavex/www 把 tool 目录下所有文件复制到 www 目录下，如果 tool 目录下还有目录，如果不加-a 或者-r 则不能复制

5. 重命名或移动文件或目录

移动实际上就是把选中的源文件或目录复制到目录树上某个指定的位置，再把源文件删除。

命令用法：

mv [选项]源 目的

例：#mv tools tool 把 tools 目录改名为 tool

在当前目录下移动文件 test1. txt、test2. txt 和目录 bin 到目标目录/home/stu/tmp 下。

#mv test1. txt test2. txt bin/home/stu/tmp

移动文件或目录时，如果目标目录不存在，则系统会自动建立。

6. 删除空目录

当系统中有空目录要删除时，可以使用 rmdir 命令。如果所指定删除的目录非空，则会出现错误信息。

命令用法：

rmdir [选项] 目录

注意：这个子目录必须是空的。如果试图删除非空的子目录，就会得到出错信息。

例：rmdir -p temp5/parent/child

参数选项：-p：一起删除父目录时，父目录下应无其他目录。必须指明某个子目录完整的结构才能够删除它。如果使用了上面同样的命令但是没有加上-p 参数，那么就只有子目录 child 被删除。

7. 删除文件或目录

对于一些不再使用的文件或目录，用户或系统管理员都应该及时删除它们，以便让出更多的磁盘空间保证系统稳定地运行。在命令行方式下，删除文件或目录使用 rm 命令。如果用户删除文件，则该用户必须要有对所删除文件的写权限；如果用户删除目录，则该用户除了对所删除目录必须有写权限外，还要有执行的权限才能进入目录。

命令用法：

rm [选项] 文件

用 rm 命令删除目录，则一定要使用-r 或-R 选项；否则无法删除目录。

删除当前目录中的所有文件和子目录。

rm -r *

由于系统默认加入-i 选项，所以每删除一个文件或目录都会要求用户确认，如果无须确认，则可以增加-f 选项。

例：rm -rf mydir 删除 mydir 目录

8. 显示目录内容

显示当前目录下的文件和目录使用 ls 命令，它是用户最常用的一条命令，其功能类似于 MS – DOS 下的 dir 命令。

命令用法：

ls [–选项] [文件]

选项很多，但常用有-a、-l、-R 等。如果有多个选项，则可以连在一起给出，如-al 等价于-a-l。文件和目录名称可以包含通配符 * 和 ?。

ls- a：列出某目录下的全部文件；

ls- l：列举目录内容的细节，包括权限、所有者、建立日期、时间、大小等；

ls-F：在列出文件或目录项后加一个符号表示文件类型；

ls-R：递归显示子目录内容；

ls-S：按文件大小排序显示（由大到小）。

例如：按时间从最新修改的文件往后排，如图 3-4 所示。

```
root@ubuntu:/home/gyzwl# ll -t
ls: 无法访问.gvfs: 权限不够
总用量 548
drwxr-xr-x 52 gyzwl gyzwl   4096 Feb  7 23:46  /
-rw-r--r--  1 root  root     265 Feb  7 23:45 test.tar.gz
-rw-------  1 gyzwl gyzwl   3067 Feb  7 23:24 .xsession-errors
-rw-rw-r--  1 gyzwl gyzwl    213 Feb  7 23:23 .gtk-bookmarks
drwx------  2 gyzwl gyzwl   4096 Feb  7 23:23 .pulse/
drwx------  4 gyzwl gyzwl   4096 Feb  7 23:23 .gconf/
-rw-------  1 gyzwl gyzwl  33789 Feb  7 23:23 .ICEauthority
-rw-------  1 gyzwl gyzwl    100 Feb  7 23:23 .Xauthority
-rw-r--r--  1 gyzwl gyzwl     26 Feb  7 23:23 .dmrc
-rw-------  1 gyzwl gyzwl   2281 Feb  7 18:12 .xsession-errors.old
drwxr-xr-x  2 root  root    4096 Feb  6 19:33 c++/
drwx------ 19 gyzwl gyzwl   4096 Feb  5 21:35 .config/
-rw-rw-r--  1 gyzwl gyzwl    195 Feb  5 21:35 test.txt
```

图 3-4 按时间顺序显示文件

使用 ls 命令时会有几种不同的颜色显示文件，其中蓝色表示是目录，绿色表示是可执行文件，红色表示是压缩文件，浅蓝色表示是链接文件，加粗的黑色表示符号链接，灰色表示是其他格式文件。

文件类型开头是由 10 个字符构成的字符串。其中第一个字符表示文件类型，它可以是下述类型之一：–（普通文件）、d（目录）、l（符号链接）、b（块设备文件）、c（字符设备文件）。后面的 9 个字符表示文件的访问权限，分为 3 组，每组 3 位。第一组表示文件属主的权限，第二组表示同组用户的权限，第三组表示其他用户的权限。每一组的 3 个字符分别表示对文件的读（r）、写（w）和执行权限（x）。对于目录，表示进入权限，如图 3-5 所示。

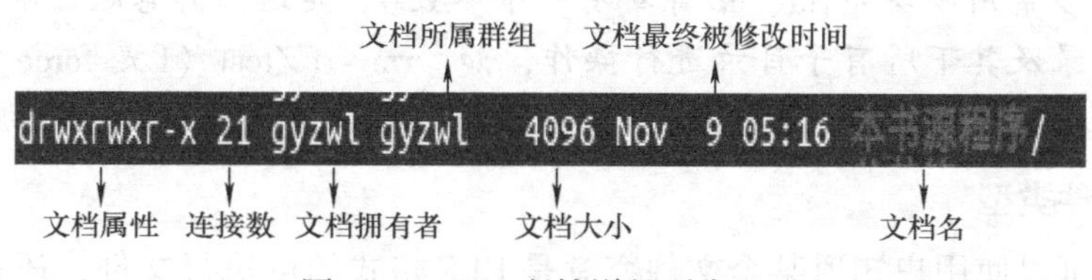

图 3-5 Linux 文档详细列表显示

9. 修改文件权限 chmod 命令

当某个用户要对文件进行读或写或执行时，如果没有相应的权限，则用户就要修改文件的权限。如果该用户对文件有写权，则可以改变文件的权限。如果该用户对文件没有写权，则必须请系统管理员来修改文件的权限。超级用户（root）或具有超级用户权限的系统管理员对所有文件都有写权限，也就意味着他们对所有文件都有权修改和删除文件。

chmod[选项]方式[,方式]文件

参数方式包含权限范围、修改动作、权限代号 3 个部分的内容。其中，

权限范围表示如下：

u：表示 User，即文件或目录的拥有者（文件主）。

g：表示 Group，即文件或目录所属的组群（同组用户）。

o：表示 Other，即除文件或目录的拥有者或所属组群之外的其他用户。

a：表示 All，即所有的用户，包括拥有者、所属组群和其他用户。

权限范围中的 u、g、o 可以一起使用，例如写为 ugo 等价于 a；也可以单独使用。

修改动作表示如下：

+：表示将随后的权限追加到原来的权限上。

-：表示将随后的权限从原来的权限中除去。

=：表示将随后的权限直接赋予，而不管原来的权限情况。

修改动作表示对权限范围中的 u、g、o 或 a，增加、减少或赋予权限的操作。

权限代号表示如下：

r：可读权限，数字代号为 4。

w：可写权限，数字代号为 2。

x：执行权限，数字代号为 1。

-：没有任何权限，数字代号为 0。

采用 chmod 命令的第一种方式设置权限。

命令为　chmod u = rwx，g = rx，o = x filename

同理，如果要减少设置权限用"-权限字符"。

设置 file1 目录的权限为对拥有者可读、可写、可执行，同组和其他用户可读、可执行。

第一种方式，chmod a = rx，u + w file1 或 chmod u = rwx，g = rx，o = rx file1

第二种方式，chmod 755 file1

chmod -R [Mode] [dir]，递归形式，即将目标文件夹内所有文件均改变权限。

例：将文件 file1. txt 设为所有人皆可读取：

chmod ugo + r file1. txt 或 chmod a + r file1. txt 或 chmod 444 file1. txt

小知识： 很多常用命令如 rm、cp 等都有一个参数-r，是递归的意思，命令里加了参数-r 就可以对目标目录及其下所有子目录进行操作，如：rm -rf /test（f 是 force 意为强行），该命令完全删除根目录下的子目录 test。

10. 显示文件类型

用命令 file 可以使用用户知道某个文件究竟是 ELF 格式的可执行文件，还是 shell script 文件或是其他的什么格式。

例如图3-6中hellarm属于ARM格式文件，只能在ARM架构的平台上运行，helloc属于Intel架构的文件，只能在Intel架构的PC上运行。

```
root@ubuntu:/home/gyzwl# file test.txt
test.txt: ASCII English text
root@ubuntu:/home/gyzwl# file s3c2440_leds.c
s3c2440_leds.c: ASCII C program text
root@ubuntu:/home/gyzwl# file helloarm
helloarm: ELF 32-bit LSB executable, ARM, version 1 (SYSV), dynamically linked (
uses shared libs), for GNU/Linux 2.6.16, not stripped
root@ubuntu:/home/gyzwl# file helloc
helloc: ELF 32-bit LSB executable, Intel 80386, version 1 (SYSV), dynamically li
nked (uses shared libs), for GNU/Linux 2.6.24, BuildID[sha1]=0xad96ad2af79c3f702
7e0234f23d9be2fde0f3d65, not stripped
root@ubuntu:/home/gyzwl#
```

图3-6　显示文件类型

3.1.3　压缩打包相关命令

打包和压缩的区别，打包是指将一些文件或目录变成一个总的文件，而压缩则是将一个大的文件通过一些压缩算法变成一个小文件。在Linux中的很多压缩程序（如gzip）只针对一个文件进行压缩，这样当想要压缩较多文件时，就要借助它的工具将这些文件先打成一个包，然后再用原来的压缩程序进行压缩。

（1）tar命令

tar命令可以将许多文件打包在一起形成一个备份文件保存在磁带或磁盘上，也可以从备份文件中恢复一个、多个或所有的文件。

tar命令的用法：

tar[选项]　[打包后文件]文件目录列表

tar可自动根据文件名识别打包或解包动作，其中打包后文件名为用户自定义的打包后文件名称，文件目录列表可以是要进行打包备份的文件目录列表，也可以是进行解包的文件目录列表，见表3-1。

表3-1　tar命令常见参数列表

选　　项	参数含义
-c	建立新的打包文件
-r	向打包文件末尾追加文件
-x	从打包文件中解出文件
-o	将文件解开到标准输出
-v	处理过程中输出相关信息
-f	对普通文件操作
-z	调用gzip来压缩打包文件，与-x联用时调用gzip完成解压缩
-j	调用bzip2来压缩打包文件，与-x联用时调用bzip2完成解压缩
-Z	调用compress来压缩打包文件，与-x联用时调用compress完成解压缩

例1：
“./yule”目录下的文件加以打包，其中选项“-v”在屏幕上输出了打包的具体过程。

```
tar -cvf yule.tar ./yule
```

例2：
把 test1 和 test2 文件打包建立一个名为 test.tar 的备份文件。

```
# tar -cf test.tar test1 test2
```

例3：
列出 test.tar 备份文件中所有的文件。

```
# tar -tvf test.tar
```

例4：
从 test.tar 备份文件中还原所有的文件。

```
# tar -xf test.tar
```

以上是打包成扩展名为.tar 的备份文件，这种文件是未经过压缩的，实际使用中往往对打包的备份文件进行压缩，通常以.tar.bz2、.tar.gz 或.tar.Z 为扩展名存在，以减少存储空间。

例5：
将当前目录下的 test1 和 test2 目录备份并压缩为 test.tar.bz2 文件。

```
# tar -cjvf test.tar.bz2 test1 test2
```

例6：
将当前目录下的 test 目录和 hello、hello.c 文件备份并压缩为 TesttHello.tar.gz 文件。

```
# tar -czvf TesttHello.tar.gz test hello hello.c
```

例7：
将当前目录下的 qt-everywhere-opensource-src-4.8.5.tar.gz 文件解压。

```
#tar zxvf qt-everywhere-opensource-src-4.8.5.tar.gz
```

例8：
解压文件到指定目录。

```
tar -zxvf /home/zwl/aa.tar.gz -C /home/zwl/QT
```

特别注意：

- 在参数 f 之后的文件档名是读者自己取的，习惯上都用.tar 来作为辨识。
- 如果加 z 参数，则以.tar.gz 或.tgz 来代表 gzip 压缩过的 tar file。
- 如果加 j 参数，则以.tar.bz2 来作为压缩过的文档名。

小知识：命令补齐

所谓命令补齐（Command-Line Completion）是指当输入的字符足以确定目录下一个唯一的文件时只须按<Tab>键就可以自动补齐该文件名的剩下部分，例如要把目录/tmp 下的文件 qt-everywhere-opensource-src-4. 8. 5. tar. gz 解包，当输入到 tar xvfz/tmp/q 时如果该文件是该目录下唯一以 q 起头的文件的话就可以按下 < Tab > 键，这时命令会被自动补齐为：tar xvfz/freesoft/qt-everywhere-opensource-src-4. 8. 5. tar. gz，如果不是唯一连按两次可以把所有以 q 开头的文件列出。使用这个技巧可以避免手动输入长文件名输错，还可以查看当前目录下有无该文件。

（2）gzip

gzip 参数见表 3-2。

表 3-2　gzip 主要选项参数

选　项	参数含义
-c	将输出信息写到标准输出上，并保留原有文件
-d	将压缩文件解压
-l	对每个压缩文件，显示下列字段：压缩文件的大小、未压缩文件的大小、压缩比、未压缩文件的名字
-r	查找指定目录并压缩或解压缩其中的所有文件
-t	测试，检查压缩文件是否完整
-v	对每一个压缩和解压的文件，显示文件名和压缩比

例：将 hrello. c 文件压缩，并查看压缩比。

```
#gzip hello. c
# ls
hello. c. gz
#gzip -l hello. c
compresseduncompressed    ratio uncompressed_name
  61                          39. 3%          hello. c
```

常见类型的文件解压命令见表 3-3。

表 3-3　Linux 常见类型的文件解压命令

文件后缀	解压命令	示　例
. a	tar xv	tar xv hello. a
. z	Uncompress	uncompress hello. Z
. gz	Gunzip	gunzip hello. gz
. tar. Z	tar xvZf	tar xvZf hello. tar. Z
. tar. gz/. tgz	tar xvzf	tar xvzf hello. tar. gz
tar. bz2	tar jxvf	tar jxvf hello. tar. bz2
. zip	Unzip	unzip hello. zip

3.1.4　磁盘和文件相关命令

1. 磁盘挂载命令（mount）

挂载文件系统，它的使用权限是超级用户或/etc/fstab 中允许的使用者。挂载是指把分区和目录对应的过程，而挂载点是指挂载在文件树中的位置。mount 命令就可以把文件系统挂载到相应的目录下，并且由于 Linux 中把设备都当作文件一样使用，因此，mount 命令也可以挂载不同的设备。通常，在 Linux 下“/mnt”目录是专门用于挂载不同的文件系统的，它可以在该目录下新建不同的子目录来挂载不同的设备文件系统。

格式 mount [选项] [类型] 设备文件名挂载点目录

其中的类型是指设备文件的类型，见表 3-4。

表 3-4　mount 命令选项常见参数

选　项	参数含义
-a	依照/etc/fstab 的内容装载所有相关的硬盘
-l	列出当前已挂载的设备、文件系统名称和挂载点
-t	类型将后面的设备以指定类型的文件格式装载到挂载点上。常见的类型有前面介绍过的几种：vfat、ext3、ext2、iso9660、nfs 等
-f	通常用于除错。它会使 mount 不执行实际挂上的动作，而是模拟整个挂上的过程，通常会和-v 一起使用

例 1：mount USB：

mount /dev/sda1 /mnt/usb

例 2：mount 软盘：

mount -t ext2/dev/fd0 /mnt/floppy

例 3：mount cdrom ：

mount -t iso9660/dev/hdb /mnt/cdrom

例 4：mount SCSI cdrom：

mount -t iso9660/dev/sdb /mnt/scdrom

参考示例：Linux 挂载 U 盘步骤：

1）插入 U 盘到计算机，如果目前只插入了一个 U 盘而且你的硬盘不是 SCSI 的硬盘接口，那它的硬件名称为：sda1。(通过 fdisk-l 可以查看 usb 是哪个设备名称)。

2）在 mnt 目录下先建立一个 usb 的目录（如：# mkdir /mnt/usb）作为挂载点。

3）挂载 U 盘到/mnt/usb 目录下：mount -t vfat　/dev/sda1　/mnt/usb。

4）cd　/mnt/usb 进入目录。

5）ls 查看 U 盘的内容。

6）卸载 U 盘：首先退出该目录然后卸载，umount　/mnt/usb 再拔出 U 盘。

2. 查看磁盘信息

执行命令：

fdisk -l

如图 3-7 所示，列出了文件系统的分区情况。

```
root@ubuntu:/home/gyzwl# fdisk -l

Disk /dev/sda: 21.5 GB, 21474836480 bytes
255 heads, 63 sectors/track, 2610 cylinders, total 41943040 sectors
Units = 扇区 of 1 * 512 = 512 bytes
Sector size (logical/physical): 512 bytes / 512 bytes
I/O size (minimum/optimal): 512 bytes / 512 bytes
Disk identifier: 0x00071780

   设备 启动      起点          终点      块数   Id  系统
/dev/sda1   *        2048    39845887    19921920   83  Linux
/dev/sda2        39847934    41940991     1046529    5  扩展
/dev/sda5        39847936    41940991     1046528   82  Linux 交换 / Solaris
```

图 3-7　查看磁盘信息

注：1）使用 fdisk 必须拥有 root 权限。

2）IDE 硬盘对应的设备名称分别为 hda、hdb、hdc 和 hdd，SCSI 硬盘对应的设备名称则为 sda、sdb、……此外，hda1 代表 hda 的第一个硬盘分区，hda2 代表 hda 的第二个分区，以此类推。

3. cat 命令

cat ［选项］［文件］

-n：由 1 开始对所有输出的行数编号。

-b：和-n 相似，只不过对于空白行不编号。

-s：当遇到有连续两行以上的空白行，就代换为一行的空白行。

选项为命令选项，参数文件为文件列表。该命令不但可以查看小文件的内容，也可以把参数中所指定的若干个文件通过输出重定向或输出附加重定向命令连接成一个文件。

显示用户主目录下的 . bashrc 文件内容，并在每行前加上行号。

执行：cat -n/root/. bashrc

把文件 file1 和 file2 合并成 file3。

#cat file1 file 2 > file3

如果文件 file3 已经存在，则合并后的新文件将覆盖它；如果只是添加到文件 file3 中，则可以使用输出附加重定向 >> 命令，这样就会添加到文件原有内容之后。

4. more 命令

more ［-dlfpcsu］［-num］［+/pattern］［+linenum］［fileNames. . ］

-d 提示使用者，在画面下方显示［Press space to continue，q to quit. ］，如果使用者按错键，则会显示［Press h for instructions. ］而不是“哔”声。

-l 取消遇见特殊字元^L（送纸字元）时会暂停的功能。

-f 计算行数时，以实际上的行数，而非自动换行过后的行数（有些单行字数太长的会被扩展为两行或两行以上）。

-p 不以卷动的方式显示每一页，而是先清除屏幕后再显示内容。

-c 跟-p 相似，不同的是先显示内容再清除其他旧资料。

-s 当遇到有连续两行以上的空白行，就代换为一行的空白行。

-u 不显示下引号（根据环境变数 TERM 指定的 terminal 而有所不同）。

+/在每个文件显示前搜寻该字串（pattern），然后从该字串之后开始显示。

+num 从第 num 行开始显示。

当用户要查看一些比较大型的文件时，使用 cat 命令就会感到非常不方便，因为它会连续显示，直到文件结束才停止。在这种情况下可以使用 more 命令，该命令可以使文件分屏显示以便于用户阅读，并显示该文件已经显示的百分数，但该命令只能使文件向下浏览。任何时候按 <q> 键都可以退出显示。more 命令适合查看大文件，如一些脚本程序；但 more 命令不能向前查看。

5. less 命令

less 命令也有许多参数选项，可以通过执行 man less 进行在线帮助。使用 less 命令查看文件时，可以方便地用上、下光标键前后逐行翻看，用 pgup 或 pgdn 键前后逐页（屏）翻看。

6. head 命令

用于查看文本文档的前 *n* 行。

格式：head［选项］［文件］

查看文本文件的前 20 行。

```
#head -n 20 文件
```

7. tail 命令

用于查看文本文档的后 *n* 行。

格式：tail［选项］［文件］

查看文本后 20 行。

```
#tail -n 20 文件
```

8. touch 命令

用于新建空白文件和修改文件时间。

格式：touch［选项］［文件］

创建一个空白文件 test。

```
#touch test
```

选项-a 修改访问时间 atime。

-m 修改更改时间 mtime。

-d 同时修改 atime 和 mtime。

例如：touch -d "2 days ago" test 将访问时间和修改时间改为了两天前（黑客伪造没动过文件的假象）。

9. ln 命令

该命令在文件之间创建链接。这种操作实际上是给系统中已有的某个文件指定另外一个可用于访问它的名称。对于这个新的文件名，可以为之指定不同的访问权限，以控制对信息的共享和安全性的问题。如果链接指向目录，用户就可以利用该链接直接进入被链接的目录而不用打一大堆的路径名。而且，即使删除这个链接，也不会破坏原来的目录。

ln 命令会保持每一处链接文件的同步性，也就是说，不论改动了哪一处，其他的文件都会发生相同的变化。

语法：ln［选项］目标［链接名］

ln 的链接又软链接和硬链接两种。

1）软链接也叫符号链接就是 ln -s ** **，它只会在用户选定的位置上生成一个文件的镜像，不会重复占用磁盘空间，平时使用较多的都是软链接；如果［链接名］已经存在但不是目录，将不做链接。［链接名］可以是任何一个文件名（可包含路径），也可以是一个目录，并且允许它与“目标”不在同一个文件系统中。如果［链接名］是一个已经存在的目录，系统将在该目录下建立一个或多个与“目标”同名的文件，此新建的文件实际上是指向原“目标”的符号链接文件。

2）硬链接是不带参数的 ln ** **，它会在用户选定的位置上生成一个和源文件大小相同的文件，无论是软链接还是硬链接，文件都保持同步变化。

例：# ln - s /etc/init. d/nfs-kernel-server /bin/nfs 用户为/bin 目录下的文件 nfs 创建了一个符号链接/etc/init. d/nfs-kernel-server。

如图 3-8 所示，可以看见，在 nfs 的第一位为“l”，表示符号链接，同时还显示了链接的源文件。

```
root@ubuntu:/usr/sbin# cd /bin/
root@ubuntu:/bin# ll nfs
lrwxrwxrwx 1 root root 29 Nov 13 19:42 nfs -> /etc/init.d/nfs-kernel-server*
```

图 3-8　查看软链接文件

3.1.5　变量和变量设定

1. 回显打印变量——echo

人们在执行程序的时候，系统怎么知道 ls 这个指令放在哪里？原来是有 PATH 这个变量，系统会通过这个变量里面所设定的路径去依次寻找该指令系统，如果找不到，那么才在屏幕上显示“command not found”。

环境变量：系统需要一些变量来配置一些环境的参数值，例如是否要显示彩色等，所以就有一些所谓的需要来读入系统中了，这些环境变量（例如 PATH、HOME、MAIL、SHELL 等）都是很重要的，为了区别与自订变量的不同，环境变量通常以大写字符来表示，如图 3-9 所示。

```
root@ubuntu:/home/gyzwl# echo $PATH
/usr/local/sbin:/usr/local/bin:/usr/sbin:/usr/bin:/sbin:/bin:/usr/games
root@ubuntu:/home/gyzwl# echo $HOME
/root
root@ubuntu:/home/gyzwl# echo $MAIL
/var/mail/root
root@ubuntu:/home/gyzwl# echo $SHELL
/bin/bash
root@ubuntu:/home/gyzwl# 
```

图 3-9　回显系统变量

2. 显示系统中主要的预设变量——env

env 是 environment 的简写，这个指令主要在将目前系统中的主要变量读出来，如图 3-10 所示。

```
root@ubuntu:/home/gyzwl# env
LC_PAPER=en_US.UTF-8
SSH_AGENT_PID=2557
LC_ADDRESS=en_US.UTF-8
LC_MONETARY=en_US.UTF-8
GPG_AGENT_INFO=/tmp/keyring-uBSvTY/gpg:0:1
SHELL=/bin/bash
TERM=xterm
XDG_SESSION_COOKIE=9354f658decb5c01624e29f000000004-14
LC_NUMERIC=en_US.UTF-8
WINDOWID=56623110
QTDIR=/opt/qtcreator-2.6.2
GNOME_KEYRING_CONTROL=/tmp/keyring-uBSvTY
USER=root
LC_TELEPHONE=en_US.UTF-8
```

图 3-10　系统环境变量

3. source 命令

source 命令也称为“点命令”，也就是一个点符号（.）。source 命令通常用于重新执行刚修改的初始化文件，使之立即生效，而不必注销并重新登录。

用法：source filename 或 . filename

小知识：

(1) 系统设定值

所谓的系统设定值，也就是说每个使用者进入到 bash shell 之后，会先读取的设定档案。预设的设定档案有下列几个。

1）/etc/profile：这个档案设定了几个重要的变量，例如 PATH、USER、MAIL、HOSTNAME、HISTSIZE、umask 等，用户可以在这里设定总体的 PATH 等的信息。但是设定上需要特别小心，因为所有的使用者皆会使用到这个档案的信息。

2）/etc/bashrc：这个档案在规划 umask 的功能，也同时规划出提示字符的内容（就是 PS1）。

通常设定完了这几个档案之后，都需要先 logout 在 login 之后才会将设定整个起作用。

(2) 个人设定值

个人设定值在个人家目录的几个隐藏文件当中，需要使用 ls -al 方能显示出来，另外，~代表的是家目录的意思。

1）~/. bash_ profile：里面定义了个人化的路径（PATH）与环境变量的文件名称。你可以在这里修改用户的个人路径。当然也可以在 ~/. bashrc 这个个人设定的变量里头修改。有的时候会有 ~/. profile 或 ~/. bash_ login 等档案来取代这个档案。

2）~/. bashrc：这个档案对于个人喜好的 bash 设定来说是最重要的，例如命令别名的设定。路径的重新定义等，都是在这里完成的，如图 3-11 所示。

3）~/. bash_ history：这个档案的用途在于将用户曾经使用过的命令记录下来，而当用户再次的以上下键搜寻或者直接以 history 搜寻的时候，就可以找到曾经使用过的指令。需要注意的内容如下。

图 3-11　个人变量设定

① 在这一次的执行过程中的指令，将在用户离开 shell 之后才会被记录到这个档案中，否则将只会先被写到暂存内存中（Cache）。

② 可以由 history 这个指令将里头的记录搜寻出来。

③ 这个档案的指令记录笔数，与 HISTFILE 有关，用户可以自行在 ~/. bashrc 里头设定，或者直接由 root 在/etc/profile 里面统一设定大小，如图 3-12 所示。

```
root@ubuntu: /home/gyzwl
ifconfig
ping 192.168.179.1
ifconfig
ls /dev/ -l
cd /usr/local/arm/
ls
cd 4.4.1/
ls
gcc -v
cd /mnt/hgfs/
ls
cd armshare/
ls
cp arm-linux-4.4.1.tar.gz /
sudo cp arm-linux-4.4.1.tar.gz /
cd /
ls
tar -zxvf arm-linux-4.4.1.tar.gz
ls
cd usr/
ls
cd local/
ls
"./.bash_history" 442 行 --1%--                    6,1          顶端
```

图 3-12　历史记录文档

4） ~/. bash_ logout：这个档案则是在用户注销 shell 的时候，BASH 会为用户所做的事情。通常预设是只有 clear 清除屏幕这件事情而已，不过，用户也可以将一些备份或者是其他用户认为重要的工作写在这个档案中（例如清空暂存盘），那么当用户离开 Linux 的时候，就可以解决一些烦人的事情。

4. 进程管理命令

（1）进程查看命令——ps 命令

功能：显示系统中活动进程标识号（PID）、终端编号（TTY）、使用 CPU 时间（TIME）以及启动进程的命令（COMMAND）信息，如图 3-13 所示。

```
1324 tty4     00:00:00 getty
1329 tty5     00:00:00 getty
1335 tty2     00:00:00 getty
1336 ?        00:00:00 boa
1340 tty3     00:00:00 getty
1343 tty6     00:00:00 getty
1365 ?        00:00:00 whoopsie
1369 ?        00:00:00 acpid
```

图 3-13　显示进程信息

语法：ps [-options] [pids]

常用选项：

-l：以长列表形式显示进程的状态信息。

-a：显示所有活动进程的状态信息。

-r：只显示正在运行的进程。

-f：显示完整信息列表。

-aux：显示所有包含其他使用者的进程。

(2) 终止进程命令——kill 命令

如果是要终止前台进程，则使用控制台中断（<Ctrl> + <C>或<Ctrl> + <Break>）组合键即可；但是对于僵死的进程或者是后台进程就需要使用 kill 命令来终止了。

语法：kill [-s 信号 | -p] [-a] 进程号… kill -l [信号]

常用选项：

-l：输出信号名列表。

-p：只显示进程的 pid，并不真正送出信号。

-s 信号名：指出要发出的信号。

例：#ps -e 显示 boa 进程的进程号是 1336。

#Kill 1336 可以杀掉 boa 进程。

3.1.6 网络相关命令

1. ping 命令

执行 ping 命令可以测试本机与网络中其他计算机的连通性，因此，在组网中常常使用该命令排除网络故障。Linux 下的 ping 和 Windows 下的 ping 稍有区别，Linux 下 ping 不会自动终止，需要按<Ctrl> + <C>组合键终止或者用参数-c 指定要求完成的回应次数。

命令格式：

ping [参数] [主机名或 IP 地址]

命令参数：

-f 极限检测。大量且快速地送网络封包给一台机器，看它的回应。

-n 只输出数值。

-q 不显示任何传送封包的信息，只显示最后的结果。

-r 忽略普通的 Routing Table，直接将数据包送到远端主机上。通常是查看本机的网络接口是否有问题。

-R 记录路由过程。

-v 详细显示指令的执行过程。

-c 数目：在发送指定数目的包后停止。

-i 秒数：设定间隔几秒送一个网络封包给一台机器，预设值是一秒送一次。

-s 字节数：指定发送的数据字节数，预设值是 56，加上 8 字节的 ICMP 头，一共是 64ICMP 数据字节。

-t 存活数值：设置存活数值 TTL 的大小。

ping 通时显示：

5 packets transmitted，5 received，0% packet loss，time 4000ms

ping 不通时显示：

8 packets transmitted，0 received，+6 errors，100% packet loss，time 7005ms

例 1：ping 指定次数。

ping -c 10 192.168.0.103

例 2：指定时间间隔和次数限制。

ping -c 10 -i 0.5 192.168.0.103

例 3：通过域名 ping 公网上的站点。

ping -c 5 www.163.com

例 4：检测本地网络上所有连接的主机，即 ping 本地网络的广播地址。

ping -b 192.168.0.255

2. ifconfig 命令

在 Windows 系统中，ipconfig 命令可以显示主机的网络配置信息，也可以对网络设备进行配置。在 Linux 系统中，相应的命令就是 ifconfig。

执行 ifconfig 命令可以查看本地主机的网络配置信息，也可以用于配置网络硬件接口、IP 地址、网络掩码、网关地址和广播地址等。

命令格式：

ifconfig[网络设备][参数]

如果不带任何选项参数执行 ifconfig 命令，则显示当前系统中可用的网络接口状态。如果指定一个接口参数（如 eth0 或 eth1 等），则只显示该网络接口的状态；如果使用-a 参数，则显示所有接口的状态包括那些关闭的接口。

命令参数：

up：启动指定网络设备/网卡。

down：关闭指定网络设备/网卡。

arp：设置指定网卡是否支持 ARP 协议。

-promisc：设置是否支持网卡的 promiscuous 模式，如果选择此参数，网卡将接收网络中发给它所有的数据包。

-allmulti：设置是否支持多播模式，如果选择此参数，网卡将接收网络中所有的多播数据包。

-a：显示全部接口信息。

-s：显示摘要信息（类似于 netstat -i）。

add：给指定网卡配置 IPv6 地址。

del：删除指定网卡的 IPv6 地址。

mtu <字节数>设置网卡的最大传输单元（bytes）。

netmask <子网掩码>设置网卡的子网掩码。掩码可以是有前缀 0x 的 32 位十六进制数，也可以是用点分开的 4 个十进制数。如果不打算将网络分成子网，可以不管这一选项；如果要使用子网，那么请记住，网络中每一个系统必须有相同子网掩码。

tunel：建立隧道。

dstaddr：设定一个远端地址，建立点对点通信。

-broadcast <地址>：为指定网卡设置广播协议。

-pointtopoint <地址>：为网卡设置点对点通信协议。

multicast：为网卡设置组播标志。

address：为网卡设置 IPv4 地址。

txqueuelen <长度>：为网卡设置传输列队的长度。

例如：输入#ifconfig，显示

eth0 ① Link encap:Ethernet HWaddr 00:50:56:BF:26:20

② inet addr:192.168.120.204 Bcast:192.168.120.255 Mask:255.255.255.0:

③ UP BROADCAST RUNNING MULTICAST MTU:1500 Metric:1

④ RX packets:8700857 errors:0 dropped:0 overruns:0 frame:0

⑤ TX packets:31533 errors:0 dropped:0 overruns:0 carrier:0

⑥ collisions:0 txqueuelen:1000

⑦ RX bytes:596390239 (568.7 MiB) TX bytes:2886956 (2.7 MiB)

lo Link encap:Local Loopback

inet addr:127.0.0.1 Mask:255.0.0.0

UP LOOPBACK RUNNING MTU:16436 Metric:1

RX packets:68 errors:0 dropped:0 overruns:0 frame:0

TX packets:68 errors:0 dropped:0 overruns:0 carrier:0

collisions:0 txqueuelen:0

RX bytes:2856 (2.7 KiB) TX bytes:2856 (2.7 KiB)

显示信息说明：

eth0 表示第一块网卡，其中 HWaddr 表示网卡的物理地址，可以看到目前这个网卡的物理地址（MAC 地址）是 00:50:56:BF:26:20。

inet addr 用来表示网卡的 IP 地址，此网卡的 IP 地址是 192.168.120.204，广播地址，Bcast:192.168.120.255，掩码地址 Mask:255.255.255.0。

lo 是表示主机的回环地址，这个一般是用于测试一个网络程序，但又不想让局域网或外网的用户能够查看，只能在此台主机上运行和查看所用的网络接口。比如把 HTTPD 服务器的指定到回环地址，在浏览器输入 127.0.0.1 就能看到用户所架 Web 网站了。但只是用户能看得到，局域网的其他主机或用户无从知道。

第一行：连接类型：Ethernet（以太网）HWaddr（硬件 mac 地址）。

第二行：网卡的 IP 地址、子网、掩码。

第三行：UP（代表网卡开启状态）RUNNING（代表网卡的网线被接上）MULTICAST（支持组播）MTU：1500（最大传输单元）：1500 字节。

第四、五行：接收、发送数据包情况统计。

第七行：接收、发送数据字节数统计信息。

例：配置 IP 地址。

命令：

```
#ifconfig eth0 192. 168. 120. 56
#ifconfig eth0 192. 168. 120. 56 netmask 255. 255. 255. 0
#ifconfig eth0 192. 168. 120. 56 netmask 255. 255. 255. 0 broadcast 192. 168. 120. 255
```

用 ifconfig 命令配置的网卡信息，在网卡重启后机器重启后，配置就不存在。要想将上述的配置信息永远地存在计算机里，那就要修改网卡的配置文件了。

3. 1. 7　Ubuntu Linux 下 apt-get 命令

apt-cache search package：搜索包。

apt-cache show package：获取包的相关信息，如说明、大小、版本等。

apt-get install package：安装包。

apt-get install package - - reinstall：重新安装包。

apt-get -f install：修复安装" -f = --fix-missing"。

apt-get remove package：删除包。

apt-get remove package - - purge：删除包，包括删除配置文件等。

apt-get update：更新源。

apt-get upgrade：更新已安装的包。

apt-get dist-upgrade：升级系统。

apt-getdselect-upgrade：使用 dselect 升级。

apt-cache depends package：了解使用依赖。

apt-cacherdepends package：是查看该包被哪些包依赖。

apt-get build-dep package：安装相关的编译环境。

apt-get source package：下载该包的源代码。

apt-get clean && sudo apt-getautoclean：清理无用的包。

apt-get check：检查是否有损坏的依赖。

3. 1. 8　查看 Linux 版本命令

1. 执行 lsb_ release -a

即可列出所有版本信息，如图 3-14 所示。

```
root@ubuntu:/home/gyzwl# lsb_release -a
No LSB modules are available.
Distributor ID: Ubuntu
Description:    Ubuntu 12.04.5 LTS
Release:        12.04
Codename:       precise
```

图 3-14　查看版本信息

2. uname -a

如图 3-15 所示。

```
root@ubuntu:/home/gyzwl# uname -a
Linux ubuntu 3.2.0-23-generic-pae #36-Ubuntu SMP Tue Apr 10 22:19:09 UTC 2012 i6
86 i686 i386 GNU/Linux
```

图 3-15　查看版本信息

3. cat /proc/version

如图 3-16 所示。

```
root@ubuntu:/home/gyzwl# cat /proc/version
Linux version 3.2.0-23-generic-pae (buildd@palmer) (gcc version 4.6.3 (Ubuntu/Li
naro 4.6.3-1ubuntu4) ) #36-Ubuntu SMP Tue Apr 10 22:19:09 UTC 2012
```

图 3-16　查看版本信息

4. cat /etc/issue

如图 3-17 所示。

```
root@ubuntu:/home/gyzwl# cat /etc/issue
Ubuntu 12.04.5 LTS \n \l
```

图 3-17　查看版本信息

3.1.9　Linux 帮助命令 man

Linux 命令中 man 是一个很重要的命令，man 的全称是 manual，即手册。

man 的基本用法是　man　+命令。

例如，想知道 useradd 的用法，只要输入 man useradd 即可，如图 3-18 所示。

```
root@ubuntu: /home/gyzwl
USERADD(8)                                                    USERADD(8)

名 称
       useradd - 账 号 建 立 或 更 新 新 使 用 者 的 资 讯

语 法
       useradd [-c comment] [-d home_dir]
               [-e expire_date] [-f inactive_time]
               [-g initial_group] [-G group[,...]]
               [-m [-k skeleton_dir] | -M] [-s shell]
               [-u uid [ -o]] [-n] [-r] login

       useradd -D [-g default_group] [-b default_home]
               [-f default_inactive] [-e default_expire_date]
               [-s default_shell]

描 述
   新 账 号 建 立
       当 不 加 -D 参 数 , useradd 指 令 使 用 命 令 列 来 指 定 新 账 号 的
       设 定 值 and 使 用 系 统 上 的 预 设 值 . 新 使 用 者 帐 号 将 产 生
       一 些 系 统 档 案 , 使 用 者 目 录 建 立 , 拷 备 起 始 档 案 等 , 这
       些 均 可 以 利 用 命 令列 选 项 指 定 。 此 版 本 为 Red Hat Linux 提
       供 , 可 帮 每 个 新 加 入 的 使 用 者 建 立 个 别 的 group , 毋 须 添
 Manual page useradd(8) line 1 (press h for help or q to quit)
```

图 3-18　man 手册显示参数选项

man 可以使用的一些快捷键，见表 3-5。

表 3-5　man 手册功能按键

按　　键	功　　能
空白键	向下翻一页
[Page Down]	向下翻一页
[Page Up]	向上翻一页
[Home]	去到第一页
[End]	去到最后一页
向上键	向上滚一行
向下键	向下滚一行
q	结束这次的 man page

3.2　课后实训

1）打开 gedit。按 <Alt> + <F2> 组合键或者单击 dash 主页打开运行应用程序命令框，输入 gedit，找到该图标，单击运行，如图 3-19 所示。

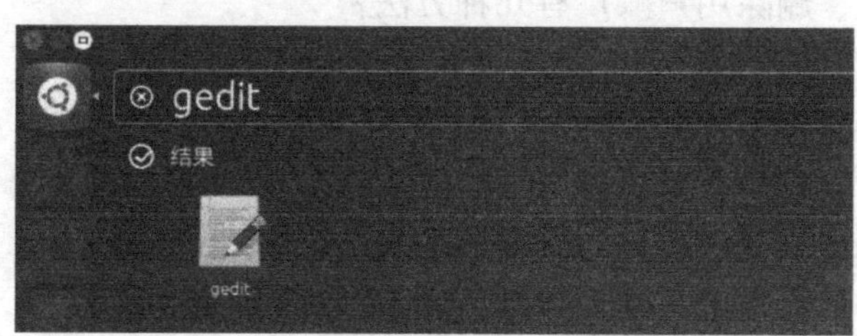

图 3-19　查找 gedit 文本编辑器

2）输入一些句子，保存为 test. txt，使用 cat 命令查看该文件，并且加上行号，如图 3-20 所示。

```
root@ubuntu:/# cat -n /home/gyzwl/test.txt
     1  This text file was created by the cat command .
     2  Cat could be the world's simplest text editor .
     3  If you read this book , you'll learn how to use cat.
     4  This is the last line of text in this file
root@ubuntu:/#
```

图 3-20　查看文件内容

3）使用 cat /proc/version 显示内核的版本。

4）使用 mkdir -p /tmp/dir1/dir2 创建一个目录树。

5）rmdir dir1 删除一个叫作 dir1 的目录（不能删除，必须先删除 dir2 后再删除 dir1）。

6）rmdir -rf dir1 删除一个叫作 dir1 的目录并同时删除其内容（不能删除，必须先删除 dir2 后再删除 dir1）。

7）rmdir -rf dir1 dir2 同时删除两个目录及它们的内容（不能删除，必须先删除 dir2 后再删除 dir1）。

8）可以使用 rmdir-p/tmp/dir1/dir2，删除 dir1 和 dir2，但是如果/tmp 不是空目录，tmp 目录删不掉。

9）删除群组（g）与其他人（o）对目录 dir1 的读写执行权限 chmod go-rwx dir1。

10）创建一个非压缩的 tar 包 tar -cvf archive. tar file1。

11）创建一个 gzip 格式的压缩包 tar -cvfz archive. tar. gz dir1。

12）显示一个包中的内容 tar -tf archive. tar. gz。

13）创建一个 bzip2 格式的压缩包 tar -cvfj archive. tar. bz2 dir1。

14）解压一个 bzip2 格式的压缩包 tar -xvfj archive. tar. bz2。

15）查看一个文件的前两行 head -2 file1。

16）查看一个文件的最后两行 tail -2 file1。

17）启用一个“eth0”网络设备 ifup eth0。

18）禁用一个“eth0”网络设备 ifdown eth0。

19）创建一个指向文件或目录的软链接 ln -s file1 lnk1。

20）创建一个指向文件或目录的物理链接 ln file1 lnk1。

3.3 习题

1）修改用户属性、删除用户账户有几种方法？

2）某个文件的数字视图为 621，则它所代表的含义是什么？

3）硬链接与软链接有何异同点？

4）复制一个目录下的所有子目录及其中的文件。

5）从网上下载 . tar 格式的软件包并解压缩安装。

6）在用户自己的计算机上手动设置网卡的 IP 地址并激活它。

第 4 章　嵌入式 Linux 下的 C 编程基础

4.1　Linux 下的 C 语言编辑器使用

4.1.1　vi 的安装

C 程序的编写可以使用 Linux 下的任何一款编辑软件进行编辑，例如行编辑器 Ed 和 Ex，全屏幕编辑器 vi 和 Emacs，还有图形界面的编辑器 gedit。但是 vi 具有强大的编辑能力，是其他编辑器无可替代的。它是 UNIX 操作系统和类 UNIX 操作系统中最通用的全屏幕纯文本编辑器。Linux 中的 vi 编辑器叫 vim，它是 vi 的增强版。vi 是交互式的文本编辑器，它没有菜单，只有命令，大多数命令就是该操作的英文单词的第一个字母。

ubuntu 预装的是 vim tiny 版本，在编辑状态下方向键不能用，还有退格键不能删除，所以需要安装 vim full 版本。执行下图 4-1 和图 4-2 中的语句安装 vim full 版本。

```
root@ubuntu: /home/gyzwl
gyzwl@ubuntu:~$ su
密码:
root@ubuntu:/home/gyzwl# apt-get remove vim-common
正在读取软件包列表... 完成
正在分析软件包的依赖关系树
正在读取状态信息... 完成
下列软件包是自动安装的并且现在不需要了:
  exuberant-ctags vim-runtime
使用'apt-get autoremove'来卸载它们
下列软件包将被【卸载】:
  vim vim-common
升级了 0 个软件包，新安装了 0 个软件包，要卸载 2 个软件包，有 141 个软件包未被升
级。
解压缩后将会空出 2,251 KB 的空间。
您希望继续执行吗？[Y/n]
```

图 4-1　删除普通版 vim full

```
root@ubuntu:/home/gyzwl# apt-get install vim
正在读取软件包列表... 完成
正在分析软件包的依赖关系树
正在读取状态信息... 完成
将会安装下列额外的软件包:
  vim-common vim-runtime
建议安装的软件包:
  vim-doc vim-scripts
下列【新】软件包将被安装:
  vim vim-common
下列软件包将被升级:
  vim-runtime
升级了 1 个软件包，新安装了 2 个软件包，要卸载 0 个软件包，有 140 个软件包未被升
级。
需要下载 7,266 kB 的软件包。
解压缩后会消耗掉 2,253 KB 的额外空间。
您希望继续执行吗？[Y/n]
```

图 4-2　安装增强版 vim full

4.1.2 vi 的基本模式

vi 编辑器按不同的使用方式可以分为 3 种模式，如图 4-3 所示，分别是命令行模式（Command Mode）、插入模式（Insert Mode）和底行模式（Last Line Mode），各模式的功能分别如下。

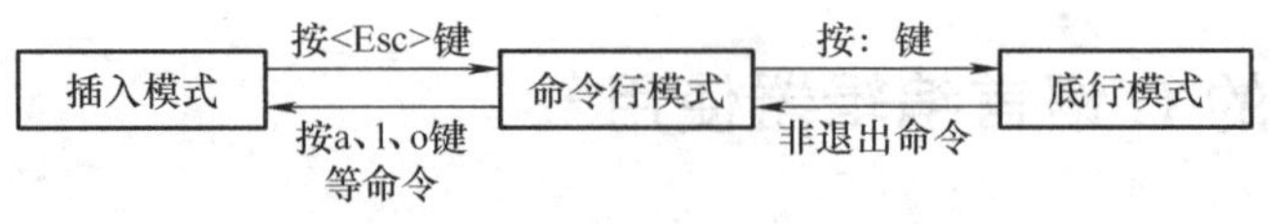

图 4-3　三种模式转换方式

1. 命令行模式（Command Mode）

在该模式下用户可以输入命令来控制屏幕光标的移动，字符、字或行的删除，移动复制某区段，也可以进入到底行模式或者插入模式下。

2. 插入模式（Insert Mode）

用户只有在插入模式下才可以进行文字输入，用户按 <Esc> 键可回到命令行模式下，见表 4-1。

表 4-1　命令行模式转到插入模式

命令字符	作　用
a	从光标所在位置后面开始添加
A	从光标所在行的行尾开始添加
i	从光标所在位置前面开始添加
I	从光标所在行的第一个非空白字符前面开始添加
o	在光标所在行下新增一行，并进入插入模式
O	在光标所在行上方新增一行，并进入插入模式

3. 底行模式（Last Line Mode）

在该模式下，用户可以将文件保存或退出 vi，也可以设置编辑环境，如寻找字符串、列出行号等。这一模式下的命令都是以“:”开始。

在插入模式下，屏幕左下方会有“插入”字样，而在命令行或底行模式下则无提示，只有在插入模式下才能输入字符。

4.1.3 vi 的基本操作

1. vi 的启动

vi【选项】filename

启动 vi 时，如果指定编辑的文件不存在，则 vi 将告知用户这是未命名的文件，并进入一个空白的界面，等待用户的命令；如果指定编辑的文件存在，则 vi 显示该文件的内容并等待用户的命令。进入 vi 后屏幕左方会出现波浪符号，凡是具有该符号代表此行目前是空的，如图 4-4 和图 4-5 所示。

```
root@ubuntu: /home/gyzwl

                              VIM - Vi IMproved

                               版本 7.3.429
                           维护人 Bram Moolenaar 等
               修改者 pkg-vim-maintainers@lists.alioth.debian.org
                        Vim 是可自由分发的开放源代码软件

                             帮助某国的可怜儿童！
             输入  :help iccf              查看说明

             输入  :q                      退出
             输入  :help          或       查看在线帮助
             输入  :help version7          查看版本信息

                                                     0,0-1         全部
```

图 4-4　启动 vi

```
root@ubuntu: /home/gyzwl
:version
VIM - Vi IMproved 7.3 (2010 Aug 15, compiled Nov 24 2016 00:53:33)
包含补丁: 1-429
另外的补丁:  8.0.0056
修改者 pkg-vim-maintainers@lists.alioth.debian.org
编译者 buildd@
巨型版本 无图形界面。  可使用(+)与不可使用(-)的功能:
+arabic +autocmd -balloon_eval -browse ++builtin_terms +byte_offset +cindent
-clientserver -clipboard +cmdline_compl +cmdline_hist +cmdline_info +comments
+conceal +cryptv +cscope +cursorbind +cursorshape +dialog_con +diff +digraphs
-dnd -ebcdic +emacs_tags +eval +ex_extra +extra_search +farsi +file_in_path
+find_in_path +float +folding -footer +fork() +gettext -hangul_input +iconv
```

图 4-5　查看 vi 版本

#vi + n filename：打开文件，并将光标置于第 n 行首，经常用于调试程序时定位错误行。

#vi-R file　name：如果用户担心 vi 编辑器打开的文件会由于误操作而造成文件的破坏，则可以选择使用-R 选项以只读方式打开文件浏览。即使用户对该文件有写的权限，vi 也将告知用户该文件是只读的并拒绝存盘要求，这样用户就只能使用 q！命令强制退出，从而避免了由于误操作造成的文件破坏。

#vi-r file　name：其中，-r 为恢复文件的命令选项，file　name 为要恢复的文件名。如果用户不知道是否存在备份文件，可以执行：#vi-r vi 将在系统的相关目录下查找扩展名为 . swp 的文件并将查找结果告知用户。

2. 保存和退出 vi

：w 保存文件内容。

：w！没有写权限时，强制存盘命令来保存文件内容。

：q 退出 vi。

：q！不保存强制退出的命令。

：wq 保存并退出。

：qa！同时打开多个文件编辑，都不需要保存退出。

在 vi 中，命令是区分大小写的，使用中一定要注意，以上这些命令都是小写的。

3. 移动光标类命令

h：光标左移一个字符，左移 n 列则输入 nh。

l：光标右移一个字符，右移 n 列则输入 nl。

k：光标上移一行，上移 n 行则输入 nk。

j：光标下移一行，下移 n 行则输入 nj。

0：（注意是数字零）光标移至当前行首。

$：光标移至当前行尾。

n <Enter> 光标向下移动 n 行。

4. 替换

r：替换当前字符。

~：将光标下的字母改变大小写。

g~~：改变当前行字母的大小写。

5. 查找

在文件中查找字符串可以向前查找也可以向后查找，其格式为：

/expression 从当前光标位置开始向后查找。

? expression 从当前位置开始向前查找。

当向前或向后查找到所需的字符串后，只要按 n 键，vi 将继续查找下一个字符串，如果按 n 键则向相反的方向继续查找。

6. 删除命令

ndw：删除光标处开始及其后的 n-1 个字。

d0：删至行首。

d$：删至行尾。

ndd：删除当前行及其后 n-1 行。

x 或 X：删除一个字符，x 删除光标后的，而 X 删除光标前的。

7. 复制与粘贴

yy：将光标所在行的内容复制到通用缓冲区。复制多行可以使用 nyy 命令。

P：取出通用缓冲区中的内容放在光标所在位置的后面，即粘贴。

8. 撤销操作

vi 编辑器只要在命令模式下按 u 键即可恢复。这个命令也称为恢复命令，u 是 undo 的缩写。

9. 行方式命令

：n1，n2 co n3：将 n1 行到 n2 行之间的内容复制到第 n3 行下。

：n1，n2 m n3：将 n1 行到 n2 行之间的内容移至第 n3 行下。

：n1，n2 d：将 n1 行到 n2 行之间的内容删除。

：set nu 显示行号，设定之后，会在每一行的前面显示对应行号。

：setnonu 取消行号显示。

：f 忘记了正在编辑文件的名称执行该命令后将在屏幕的左下方显示如下信息：

"filename" line n1-n2%--(n3 of n4)

其中，filename 是正在编辑文件的名称；n1 代表该文件的总行数；n2 代表当前光标行数在文件总行数中所占的百分数，该数据不是动态更新的；n3 代表当前正在编辑的是第几个文件；n4 代表打开编辑的文件总数，如图 4-6 所示。

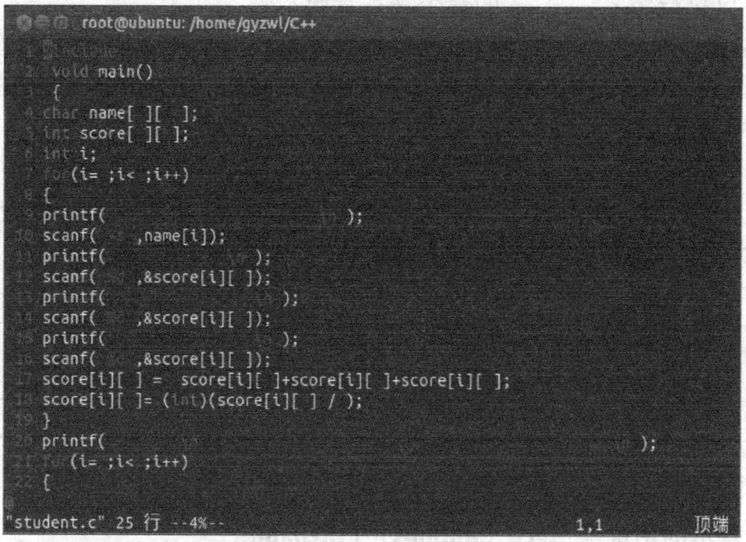

图 4-6　显示行号和文件名

10. 其他

J 命令

合并第 n 行与第 n+1 行，使用时，将光标移动到第 n 行上按 J 键即可。这个命令用于合并行比直接使用键盘操作更高效，注意该命令是大写的。

. 命令

重复执行前一条操作命令，常用于重复修改或替换的操作。

11. 执行 shell 命令

用户在编辑文本文件过程中，如果需要执行 shell 命令，可以在不退出 vi 的情况下来完成操作。方法是在 vi 的行编辑模式下执行！command_ name，当该命令执行完成后，系统会提醒用户按任意键返回。例如，执行：

```
:! tar -xjvf arm-Linux-gcc-2.95.3.tar.bz2 -C/usr/local/arm/
```

该命令将交叉编译工具解压到/usr/local/arm/目录下，解压完后按任意键即可返回 vi 编辑器中继续文本文件的编辑工作。

4.2　Linux 下的 C 语言开发环境

4.2.1　Linux 下的 C 编译工具

1. 在 ubuntu 系统中安装 GCC 编程工具

GNU C 编译器（GCC）是一个全功能的 ANSI C 兼容编译器，下面是它的安装方法。

打开终端，如果桌面上有快捷方式，就直接打开就行，没有，可以按下键盘上的 <Ctrl> +

<Alt> + <T>组合键，因为要下载文件，所以必须进行联网，输入#sudo apt-get install build-essential 会自动的安装 g++/gcc。

安装完了可以执行 gcc--version 的命令来查看版本。

使用 GCC 编译工具将 C 语言源程序编译成可执行文件，依次经过 4 个阶段，即：预处理（Pre-Processing）、编译（Compiling）、汇编（Assembling）、链接（Linking），所支持后缀名见表 4-2。其流程如下。

表 4-2　GCC 所支持后缀名

后缀名	所对应的语言	后缀名	所对应的语言
. c	C 原始程序	. s/. S	汇编语言原始程序
. C/. cc/. cxx	C++ 原始程序	. h	预处理文件（头文件）
. m	Objective-C 原始程序	. o	目标文件
. i	已经过预处理的 C 原始程序	. a/. so	编译后的库文件
. ii	已经过预处理的 C++ 原始程序		

源程序→预处理器（cpp）→编译器（ccl）→汇编器（as）→链接器（ld）→可执行文件。

2. GCC 最基本的用法是：gcc [options] [filenames]

其中 options 就是编译器所需要的参数，filenames 给出相关的文件名称。常用的编译选项如下。

-c，只编译，不链接成为可执行文件，编译器只是由输入的 . c 等源代码文件生成 . o 为后缀的目标文件，通常用于编译不包含主程序的子程序文件。

-o，output_ filename，确定输出文件的名称为 output_ filename，同时这个名称不能和源文件同名。如果不给出这个选项，GCC 就给出预设的可执行文件 a. out。

-g，产生符号调试工具（GNU 的 gdb）所必要的符号信息，要想对源代码进行调试，就必须加入这个选项。

-O，对程序进行优化编译、链接，采用这个选项，整个源代码会在编译、链接过程中进行优化处理，这样产生的可执行文件的执行效率可以提高，但是，编译、链接的速度就相应地要慢一些。

-O2，比-O 更好的优化编译、链接，当然整个编译、链接过程会更慢。

-Idir 在头文件的搜索路径列表中添加 dir 目录，由于 Linux 中头文件都默认放到“/usr/include/”目录下，因此，当用户希望添加放置在其他位置的头文件时，就可以通过“-I dir”选项来指定，这样，GCC 就会到相应的位置查找对应的目录。

-L dir 在库文件的搜索路径列表中添加 dir 目录，与“-I dir”类似，能够在库文件的搜索路径列表中添加 dir 目录。库文件默认放到/usr/lib/目录下，库文件的名字规定以 lib 开头。

-Wall 允许发出 GCC 提供的所有有用的报警信息（建议总是使用该选项）。

例：一个简单的 hello World 程序。

vi hello. c 输入如下代码

```
#include < stdio. h >
void main( )
{
```

```
    printf("Hello World! \n");
}
```

保存退出，在终端输入。

```
#gcc hello. c
#. /a. out
```

运行结果为：Hello World!

或

```
#gcc -o hello hello. c
#. /hello
```

运行结果为：Hello World!

-o 这个选项被省略，那么生成的可执行文件默认名称为 a. out。

3. 多个 C 文件的编译

为了方便代码重用，通常将主函数和其他函数放在不同文件中。每个函数都有函数声明（函数头）和函数实现（函数体）两部分组成。函数头一般放在头文件中（ *. h）中，而函数的定义文件放在实现文件（ *. c、 *. cpp）中。

参考示例：输入你的名字，输出 hello *****，该程序由 3 个文件组成。

vi hello. h 输入如下代码

```
/* hello. h */
#ifndef _HELLO_H_
#define _HELLO_H_
void hello(const char * name);
#endif
```

按 Esc 退出插入模式，再按 wq 保存退出。

#vi hello. c 输入如下代码

```
/* hello. c */
#include <stdio. h>
#include "hello. h"
void hello (const char * name){
    printf ("Hello,%s! \n",name);
}
```

按 Esc 退出插入模式，再按 wq 保存退出。

#vi main. c 输入如下代码

```
/* main. c */
#include "hello. h"
int  main (int argc,char ** argv){
```

```
    char name [10];
    printf("input your name:\n");
    scanf("%s",name);
    hello (name);
    return 0;
}
```

按 Esc 退出插入模式，再按 wq 保存退出。

#gcc -Wall main. c hello. c-o hello 编译多个文件不需要编译头文件。

#./hello 执行程序，查看显示结果，如图 4-7 所示。

```
root@ubuntu:/home/gyzwl/duoWenJian# ls
hello  hello.c  hello.h  main.c
root@ubuntu:/home/gyzwl/duoWenJian# ./hello
input your name:
zwl
Hello, zwl!
```

图 4-7　程序运行结果

4.2.2　gdb 调试工具

gdb 是 GNU 开源组织发布的一个强大的 UNIX 下的程序调试工具。使用者能在程序运行时观察程序的内部结构和内存的使用情况，可以查看变量，寄存器及堆栈。设置断点以使程序在指定的代码行上停止执行，使用户能一行行地执行代码。

gdb 调试的是可执行文件，而不是源程序，如果想让 gdb 调试编译后生成的可执行文件，在使用 gdb 工具调试程序之前，必须使用带有-g 编译选项的 GCC 命令来编译源程序，见表 4-3。

表 4-3　gdb 常用命令

命　令	简　写	功　能
list	l	列出产生执行文件的源代码的一部分
break	b	在代码设置断点，这将使程序执行到这时被挂起
run	r	执行当前被调试的程序
continue	c	继续运行程序
next	n	执行一行源代码但不进入函数内部
step	s	执行一行源代码而且进入函数内部
print	p	显示表达式的值
quit	q	退出 gdb
Info break	Info b	查看断点信息
clear		删除所在行的断点
delete	d	可删除单个断点，也可删除所有的断点号
file		装入想要调试的可执行文件
kill	k	终止正在调试的程序

它使用户能监视程序中变量的值。

参考示例：编写程序实现 $s=1!+2!+3!+\cdots+10!$ 并且使用 gdb 调试程序，输出正确结果。

1）在/home 目录下创建 gdb 子目录，进入该目录编写如下代码 test. c。

```
#include < stdio. h >
 main( )
 {
 int i,s =1;
long result =0;
 for(i =1; i <= 10; i++ )
 {
 s = s * i;
}
result  + =  s;
printf( "result[ 10! ] = % ld\n",result ) ;
 }
```

2）编译 test. c。#gcc-g-o test test. c

3）运行程序 . /test 结果为 3628800。如图 4-8 所示。

```
root@ubuntu: /home/gyzwl/gdb

root@ubuntu:/home/gyzwl/gdb# vi test.c
root@ubuntu:/home/gyzwl/gdb# gcc -g -o test test.c
root@ubuntu:/home/gyzwl/gdb# ./test
result[10!] = 3628800
root@ubuntu:/home/gyzwl/gdb#
```

图 4-8　编译运行结果

本示例正确结果应该是 4，037，913，但结果是 3，628，800，通过 gdb 调试该程序。

4）输入 gdb test 启动 gdb。

5）(gdb) l--------------------l 命令相当于 list，从第一行开始输出源代码。

(gdb) --------------------直接按 <Enter> 键表示，重复上一次命令。

6）(gdb) break 9--------------------设置断点，在源程序第 9 行处。

(gdb) break 11 --------------------设置断点，在源程序第 11 行处。

7）(gdb) info break --------------------查看断点信息。

8）(gdb) r --------------------运行程序，run 命令简写。

9）(gdb) n --------------------单条语句执行，next 命令简写。

(gdb) p s --------------------打印变量 s 的值，print 命令简写。

(gdb) p result--------------------打印变量 result 的值，print 命令简写。

如图 4-9 和图 4-10 所示，从调试可以看出程序的累乘是正确的，但是从结果看出每次的累乘值没有累加起来。

10）用 vi 重新编辑 test. c，将 result + =s 移到 for 循环里边。

```
root@ubuntu: /home/gyzwl/gdb
and "show warranty" for details.
---Type <return> to continue, or q <return> to quit---
This GDB was configured as "i686-linux-gnu".
For bug reporting instructions, please see:
<http://bugs.launchpad.net/gdb-linaro/>...
Reading symbols from /home/gyzwl/gdb/test...done.
(gdb) l
1        #include<stdio.h>
2         main()
3         {
4         int i,s=1;
5        long result = 0;
6         for(i=1; i<=10; i++)
7
8         {
9         s=s*i;
10        }
(gdb)
11       result+=s;
12        printf("result[10!] = %ld\n", result );
13        }
14
(gdb) 
```

图 4-9　显示代码行

```
root@ubuntu: /home/gyzwl/gdb
(gdb)
6         for(i=1; i<=10; i++)
(gdb) p s
$9 = 362880
(gdb) n

Breakpoint 1, main () at test.c:9
9         s=s*i;
(gdb)
6         for(i=1; i<=10; i++)
(gdb) p s
$10 = 3628800
(gdb) n

Breakpoint 2, main () at test.c:11
11       result+=s;
(gdb) p result
$11 = 0
(gdb) n
12        printf("result[10!] = %ld\n", result );
(gdb) p result
$12 = 3628800
(gdb) 
```

图 4-10　单步调试显示结果

4.2.3　自动编译管理器 Make

假如有一个上百个文件代码构成的工程，如果其中只少数几个文件进行了修改，那么用之前的 GCC 编译工具，就不得不把这所有的文件重新编译一遍，因为编译器需要包含这些文件才能把源代码编译成可执行文件，程序员就必须重新输入大量的文件名以完成最后的编译工作。这给程序开发人员带来了大量不必要的工作量，程序员必须知道哪些文件依赖于另外的哪些文件、哪些文件需要先编译、哪些文件需要后编译、哪些文件需要重新编译。

Make 工程管理器可以起到“自动编译管理器”的功能，它能够根据文件时间戳自动发现更新过的文件而减少编译的工作量，同时，它通过读入 Makefile 文件的内容来执行大量的编译工作。用户只需编写一次简单的编译语句就可以了。

1. Makefile 文件结构

Makefile 是 Make 读入的配置文件。在一个 Makefile 中通常包含如下内容。

- 需要由 make 工具创建的目标体（target），通常是目标文件或可执行文件；有时也可以是要执行的动作，如 clean 目标。
- 要创建的目标体所依赖的文件（dependency_ file）；一个目标文件可以依赖一个或多个文件。
- 创建每个目标体时需要运行的命令（command）。

它的格式为：

```
#注释
target: dependency_files
	command1
	command2
	……
```

在 Makefile 中的每一个 command 前必须有“Tab”符，不是空格键，否则在运行 make 命令时会出错。一个规则可以有多条命令，每一行只能有一条命令。

2. Makefile 文件中的变量

变量就是起一个名字，类似 C 语言中的宏，代表一个文本字符串也称为变量的值。在 Makefile 的目标、依赖、命令中引用变量的地方，变量会被它的值所取代。

1）变量的定义：定义一个变量需要在一行的开始定义这个变量，一般使用大写，赋值符=号后面即为设定的变量值，赋值符号两边可以有空格，变量名是要区分大小写的。

2）变量的引用：如果要引用该变量，用一个$符号来引用变量，变量名需要放在$后的（）或｛｝里。如果变量名只是一个字符，小括号可以省略。

3）变量的种类。

- 用户自定义变量：一般不要定义字母、数字和下划线以外的其他字符，最好使用小写。
- 预定义变量：也称为内部变量，见表 4-4。
- 自动变量：见表 4-5。

表 4-4 makefile 中常用的预定义变量

AR	归档维护程序的名称，默认值为 ar
ARFLAGS	归档维护程序的选项
AS	汇编程序的名称，默认值为 as
ASFLAGS	汇编程序的选项
CC	C 编译器的名称，默认值为 cc
CCFLAGS	C 编译器的选项
CPP	C 预编译器的名称，默认值为$（CC）-E
CPPFLAGS	C 预编译的选项
CXX	C++ 编译器的名称，默认值为 g++
CXXFLAGS	C++ 编译器的选项
FC	FORTRAN 编译器的名称，默认值为 f77
FFLAGS	FORTRAN 编译器的选项

表 4-5　makefile 中常见的自动变量

$*	不包含扩展名的目标文件名称
$+	所有的依赖文件，以空格分开，并以出现的先后为序，可能包含重复的依赖文件
$<	第一个依赖文件的名称
$?	所有的依赖文件，以空格分开，这些依赖文件的修改日期比目标的创建日期晚
$@	目标的完整名称
$^	所有的依赖文件，以空格分开，不包含重复的依赖文件
$%	如果目标是归档成员，则该变量表示目标的归档成员名称

在默认情况下，make 工具在当前工作目录中按 GNUmakefile、makefile、Makefile 顺序搜索 Makefile 文件。如果不使用预设文件名，则需要加参数-f 指明文件。

make 工具管理项目的流程是从最底层开始，逆序遍历所有程序。只要有一个源文件改变都会重新编译、链接生成可执行程序，make 工具会自动完成程序的重新编译和链接工作。

执行 make 命令时，只需在 Makefile 文件所在目录输入 make 命令即可。make 将生成 Makefile 文件中定义的第一个目标文件。

3. Makefile 规则

1）隐式规则。隐含规则告诉 make 怎样使用一定规则完成任务，用户不必详细指定编译的具体细节，而只需把目标文件列出即可。Make 会自动搜索隐式规则目录来确定如何生成目标文件。

注意：在隐式规则只能查找到相同文件名的不同后缀名文件，如“js. o”文件必须由“js. c”文件生成。

Make 的隐式规则告诉所有的 . o 文件都可以自动由 . c 文件使用命令 (CC)(CPPFLAGS) $(CFLAGS) -c file. c -o file. o 生成。如果是 C++ 语言编写的程序则是(CXX)(CXXFLAGS)-c file. c -o file. o 生成。

2）模式规则。模式规则是用来定义相同处理规则的多个文件。它不同于隐式规则，隐式规则仅仅能够用 make 默认的变量来进行操作，而模式规则还能引入用户自定义变量，为多个文件建立相同的规则，从而简化 Makefile 的编写。模式规则的格式类似于普通规则，这个规则中的相关文件前必须用“%”标明。

4. 参考示例

例 1：编写程序，利用 make 工具生成可执行文件并运行。

1）编写程序，输入两个数，相加输出结果。

本实例程序有 js. c、js. h、jsadd. c，还有 makefile 文件。

```
[js. c]
#include <stdio. h>
#include "js. h"
main(){
int a,b,sum;
printf("input two int num:\n");
```

```
scanf("%d%d",&a,&b);
sum=add(a,b);
printf("%d+%d=%d\n",a,b,sum);
}
```

[js.h]

```
#ifndef _JS_H
#define _JS_H
int add(int a,int b);
#endif
```

[jsadd.c]

```
#include "js.h"
int add(int a,int b){
int sum;
sum=a+b;
return sum;
}
```

2）编写 makefile。

① 不使用变量替换。

[makefile1]

#vi makefile1 输入以下内容

```
js:js.o jsadd.o
	gcc  js.o jsadd.o -o js
js.o:js.c js.h
	gcc -Wall -O -g -c js.c -o js.o
jsadd.o:js.c js.h
	gcc -Wall -O -g -c jsadd.c -o jsadd.o
clean:
	rm -f  *.o
```

保存退出，使用 make 命令编译，查看结果，如图 4-11 和图 4-12 所示。

```
root@ubuntu:/home/gyzwl/makefiles# vi makefile1
root@ubuntu:/home/gyzwl/makefiles# make -f makefile1
gcc -Wall -O -g -c js.c -o js.o
js.c:3:1: 警告： 返回类型默认为'int' [-Wreturn-type]
js.c: 在函数'main'中:
js.c:6:6: 警告： 忽略声明有 warn_unused_result 属性的'scanf'的返回值 [-Wunused-result]
js.c:9:1: 警告： 在有返回值的函数中，控制流程到达函数尾 [-Wreturn-type]
gcc -Wall -O -g -c jsadd.c -o jsadd.o
gcc  js.o jsadd.o -o js
root@ubuntu:/home/gyzwl/makefiles# ls
js        jsadd.o  js.h  makefile1  makefile3
jsadd.c  js.c     js.o  makefile2  makefile4
```

图 4-11　make 生成可执行文件

```
root@ubuntu:/home/gyzwl/makefiles# ./js
input two int num:
2 8
2+8=10
```

图 4-12　程序运行结果

② 使用预定义变量和隐式规则编写的 makefile 文件。

首先 make clean 删除掉中间文件，再删除 js 可执行文件，如图 4-13 所示。

```
root@ubuntu:/home/gyzwl/makefiles# make -f makefile1 clean
rm -f  *.o
root@ubuntu:/home/gyzwl/makefiles# ls
js  jsadd.c  js.c  js.h  makefile1  makefile2  makefile3  makefile4
root@ubuntu:/home/gyzwl/makefiles# rm js
root@ubuntu:/home/gyzwl/makefiles# ls
jsadd.c  js.c  js.h  makefile1  makefile2  makefile3  makefile4
```

图 4-13　删除中间文件

#vi makefile2 输入以下内容：

```
[Makefile2]
OBJS = js. o jsadd. o
CC = gcc
CFLAGS = -Wall -O -g
js:$(OBJS)
        $(CC) $(CFLAGS) -o js
clean:
        rm -f  *. o
```

③ 使用自动变量和隐式规则编写的 makefile 文件。

```
[Makefile3]
OBJS = js. o jsadd. o
CC = gcc
CFLAGS = -Wall -o -g
js:$(OBJS)
        $(CC) $^ -o $@
clean:
        rm -f  *. o
```

如图 4-14 所示。

④ 使用模式规则修改后的 Makefile 文件。

```
[Makefile4]
OBJS = js. ojsadd. o
CC  = gcc
CFLAGS = -Wall -O -g
```

```
root@ubuntu:/home/gyzwl/makefiles# make -f makefile3
gcc -Wall -o -g   -c -o js.o js.c
js.c:3:1: 警告： 返回类型默认为'int' [-Wreturn-type]
js.c: 在函数'main'中:
js.c:9:1: 警告： 在有返回值的函数中，控制流程到达函数尾 [-Wreturn-type]
gcc -Wall -o -g   -c -o jsadd.o jsadd.c
gcc js.o jsadd.o -o js
root@ubuntu:/home/gyzwl/makefiles# ls
js       jsadd.o  js.h  makefile1  makefile3
jsadd.c  js.c     js.o  makefile2  makefile4
```

图 4-14　使用自动变量和隐式规则生成

```
js : $(OBJS)
$(CC) $^ -o $@
%.o : %.c
$(CC) $(CFLAGS) -c $< -o $@
clean:
        rm -f *.o
```

如图 4-15 所示。

```
root@ubuntu:/home/gyzwl/makefiles# make -f makefile4
gcc  -Wall -O -g  -c js.c -o js.o
js.c:3:1: 警告： 返回类型默认为'int' [-Wreturn-type]
js.c: 在函数'main'中:
js.c:6:6: 警告： 忽略声明有 warn_unused_result 属性的'scanf'的返回值 [-Wunused-r
esult]
js.c:9:1: 警告： 在有返回值的函数中，控制流程到达函数尾 [-Wreturn-type]
gcc  -Wall -O -g  -c jsadd.c -o jsadd.o
gcc  js.o jsadd.o -o js
root@ubuntu:/home/gyzwl/makefiles# ls
js       jsadd.o  js.h  makefile1  makefile3
jsadd.c  js.c     js.o  makefile2  makefile4
```

图 4-15　使用模式规则生成

例 2：另建一个目录编写程序，利用 make 工具生成可执行文件并运行，如图 4-16 和图 4-17 所示。

```
root@ubuntu:/home/gyzwl/makefile# make -f makefile1
gcc -c prog.c -o prog.o
gcc -c code.c -o code.o
gcc -o test prog.o code.o main.o
root@ubuntu:/home/gyzwl/makefile# ./test
this is test.c!
r=2.600000
area=21.237164
this is prog.c!
circle=21.991148
this is code.c!
```

图 4-16　不使用变量替换

```
root@ubuntu:/home/gyzwl/makefile# make -f makefile2
gcc -o test prog.o code.o main.o
root@ubuntu:/home/gyzwl/makefile# ls
code.c  code.o  makefile1  prog.c  prog.o  test.c
code.h  main.o  makefile2  prog.h  test
root@ubuntu:/home/gyzwl/makefile# ./test
this is test.c!
r=2.600000
area=21.237164
this is prog.c!
circle=21.991148
this is code.c!
```

图 4-17　使用预定义变量

1）打开 vi 编辑下面 6 个文件并命名如下。

```
/ **************************** test. c **************************************** /
#include < stdio. h >
extern area( float) ;
extern circle( float) ;
main( )
{
printf( "this is test. c!  \n") ;
area(2. 6) ;
circle(3. 5) ;
return 0;
}
/ **************************** prog. c *************************************** /
#include"prog. h"
#include"code. h"
#include < stdio. h >
area( float r)
{
printf( "r = %f\n",r) ;
printf( format_area,PI * r * r) ;
printf( "this is prog. c!  \n") ;
}
/ **************************** code. c **************************************** /
#include"code. h"
#include < stdio. h >
void circle( float r)
{
printf( format_circle,2 * PI * r) ;
printf( "this is code. c!  \n") ;
}
/ **************************** prog. h **************************************** /


#define format_area  "area = %f\n"


/ **************************** code. h **************************************** /
#define PI 3. 1415926
#define format_circle "circle = %f\n"
```

2）编写 makefile。

```
/ *************************** makefile1 ************************************* /
test:prog.o code.o main.o
        gcc -o test prog.o code.o main.o
main.o:test.c
        gcc -o main.o -c test.c
prog.o:prog.c prog.h code.h
        gcc -c prog.c -o prog.o
code.o:code.c code.h
        gcc -c code.c -o code.o
clean:
        rm -f *.o
/ *************************** makefile2 ************************************* /
OBJS = prog.o code.o main.o
CC = gcc
test:$(OBJS)
        $(CC) -o $@ $^
main.o: test.c
prog.o:prog.c prog.h code.h
code.o:code.c code.h
clean:
        rm -f *.o
```

4.3 课后实训

实训一 vi 环境配置和使用。

1. 实训内容

（1）配置 vi 环境，在“/home”目录下建一个名为“.vimrc”的文件

（2）输入以下配置内容

```
set number                              #显示行号
set autoindent                          #自动对齐
set smartindent                         #智能对齐
set showmatch                           #括号匹配模式
set ruler                               #显示状态行
set cindent                             #C 语言格式对齐
set nobackup                            #不要备份文件
```

```
set clipboard + = unnamed              #与 Windows 共享剪贴板
syntax on                              #语法高亮
```

(3) 设定行号

(4) 将光标移到第 4 行

(5) 复制该行内容

(6) 将光标移到最后一行行首

(7) 粘贴复制行的内容

(8) 撤销复制的动作

(9) 将光标移动到最后一行的行尾

(10) 粘贴复制行的内容

(11) 光标上移 3 行

(12) 删除该行

(13) 存盘但不退出

(14) 将光标移到首行

(15) 插入模式下输入“#this is Vi configure!”

(16) 返回命令行模式

(17) 向下查找字符串“ruler”

(18) 再向上查找字符串“num”

(19) 取消行号

(20) 存盘退出 Vi

2. 操作步骤

(1) vi . vimrc

(2) 略

(3) :set nu

(4) 4 <enter>

(5) yy

(6) G

(7) p

(8) u

(9) $

(10) p

(11) 3k

(12) dd

(13) : w

(14) 1G

(15) i 并输入“#this is Vi configure!”

(16) ESC

(17) /ruler

(18) ? num

(19) : set nonu

(20) : wq

实训二　编译 c 程序，输入 6 个学生的姓名和数学、语文、英语三科成绩。求出总分并计算平均分。

实训步骤如下。

1) 输入如下代码。

```
#include <stdio.h>
 void main()
 {
char name[6][10];
int score[6][5];
int i;
for(i=0;i<6;i++)
{
printf("please input the name:\n");
scanf("%s",name[i]);
printf("score ,math:\n");
scanf("%d",&score[i][0]);
printf("score ,English:\n");
scanf("%d",&score[i][1]);
printf("score ,Chinese:\n");
scanf("%d",&score[i][2]);
score[i][3] =  score[i][0]+score[i][1]+score[i][2];
score[i][4] = (int)(score[i][3]/3);
}
printf("result:\n name math  English Chinese  total  average :\n");
for(i=0;i<6;i++)
{
printf("%s: %d  %d  %d  %d  %d  \n",name[i],score[i][0],score[i][1],score[i][2],score[i][3],score[i][4]);
}
}
```

2) 命名为 student. c 保存退出，使用 gcc-o student student. c 编译生成可执行文件，执行 ./student。最后结果如图 4-18 所示。

```
please input the name:
fqp
score ,math:
87
score ,English:
89
score ,Chinese:
86
result:
 name math  English Chinese  total  average :
zwl: 90   80    89    259   86
zxm: 90   98    87    275   91
ldw: 90   80    88    258   86
dwl: 98   87    86    271   90
fwp: 99   87    69    255   85
fqp: 87   89    86    262   87
```

图 4-18　程序执行结果

实训三　编写一个输出图 4-19 所示的图形。

```
*
***
*****
*******
*********
***********
*********
 *******
  *****
   ***
    *
```

图 4-19　输出菱形图形

输入如下代码。

(1)#include"stdio. h"

(2)main( )

(3){

(4)int i,k;

(5)for(i =1;i <=6;i++)//正三角形打印 6 行

(6){

(7)for(k =1;k <=20;k++)

(8) printf(" ");//打印空格

(9) for(k =1;k <=2 * i -1;k++)

(10) printf(" * ");

(11) printf("\n");

(12)}

(13)for(i =5;i > =1;i --)

```
(14) {
(15) for(k = 1;k <= 20;k++ )
(16) printf(" ");
(17) for(k = 1;k <= 2 * i - 1;k++ )
(18) printf(" * ");
(19) printf("\n");
(20) }
(21) }
```

实训步骤如下。

1）在工作目录上新建文件 sjx. c，并用 vi 启动：vi sjx. c。

2）在 vi 中输入以上代码。

3）在 vi 中保存并退出：wq。

4）用 GCC 编译：gcc -g -o sjxsjx. c。

5）运行 sjx：./sjx，输出为：

输出图形如图 4-20 所示。

```
root@ubuntu:/home/gyzwl/C++# vi sjx.c
root@ubuntu:/home/gyzwl/C++# gcc -g -o sjx sjx.c
root@ubuntu:/home/gyzwl/C++# ./sjx
                    *
                    ***
                    *****
                    *******
                    *********
                    ***********
                    *********
                    *******
                    *****
                    ***
                    *
```

图 4-20　输出图形

可见，该程序没有按要求输出菱形图形。

6）启动 gdb 调试：gdb sjx。

7）查看源代码，使用命令“l”。

8）在 9 行（第三个 for 循环处）设置断点，使用命令“b 9”。

9）在 11 行（printf 打印换行）设置断点，使用命令“b 11”。

在 17 行（第三个 for 循环处）设置断点，使用命令“b 17”。

在 19 行（printf 打印换行）设置断点，使用命令“b 19”。

10）查看断点设置情况，使用命令“info b”。

11）运行代码，使用命令“r”。

12）单步运行代码，使用命令“n”。

13）查看暂停点变量值，使用命令“p i”，“p k”。

14）继续单步运行代码数次，并使用命令查看，发现 i 的值正确，在 9 行的断点处 k 的值一直未变，说明打印的空格数一直未变。在第 11 行的断点处 k 值变化，打印出的 * 个数是正确的。

15）继续程序的运行，使用命令“c”。

16）退出 gdb，使用命令 q。

17）重新编辑 sjx. c，把其第 7 行的 $k <= 20$ 改为 $k <= 20-i$ 即可，第 15 行的 $k <= 20$ 改为 $k <= 20-i$ 即可。

18）使用 GCC 重新编译：gcc -g　-osjx sjx. c。

19）查看运行结果：./sjx

实训四　包含多文件的 Makefile 编写。

1. 实训内容：编写源程序

1）本实例程序有：main. c、greeting. h、greeting. c，还有 makefile 文件。

```
[main. c]
#include <stdio. h>
#include "greeting. h"
#define N 20
int main()
{char name[N];
printf("input your name please:");
scanf("%s",name);
greeting(name);
return 0;
}
[greeting. c]
#include <stdio. h>
#include "greeting. h"
void greeting(char *name)
{
printf("hello %s! \r\n",name);
}
[greeting. h]
#ifndef _GREETING_H
#define _GREETING_H
void greeting(char *name);
#endif
```

2）在同一目录下用 vi 编辑 Makefile，且不使用变量替换。然后用 make 验证所编写的 Makefile 是否正确。

3）将上述 Makefile 使用变量替换实现，命名为 Makefile1。同样用 make -f 验证所编写的 Makefile1 是否正确。

4）编辑另一 Makefile，取名为 Makefile2，使用变量替换，并且使用自动变量实现再用 make 的“-f”选项验证这个 Makefile2 的正确性。

2. 实训步骤

1）用 vi 编辑 Makefile，如下所示：

[Makefile]

```
main:main.o greeting.o
        gcc  main.o  greeting.o -o main
greeting.o:greeting.c greeting.h
        gcc -Wall -O -g -c greeting.c -o greeting.o
main.o:main.c greeting.h
        gcc -Wall -O -g -cmain.c -o main.o
clean:
        rm -f  *.o
```

退出保存，在 shell 中输入：make，查看结果。

2）用 vi 编辑 Makefile1，如下所示：

[Makefile1]

```
OBJS = main.o greeting.o
CC = gcc
CFLAGS = -Wall -O -g
main:$(OBJS)
        $(CC) $(OBJS)-o main
clean:
        rm -f *.o
```

退出保存，在 shell 中输入：make -f Makefile1，查看结果。

3）再次用 vi 编辑 Makefile2，如下所示：

[Makefile2]

```
OBJS = main.o greeting.o
CC = gcc
CFLAGS = -Wall -o -g
main:$(OBJS)
        $(CC) $^ -o $@
clean:
        rm -f *.o
```

退出保存，在 shell 中键入：make -f Makefile2，查看结果。

4.4 习题

1）分别简述 gcc 工具包里都有哪些工具，各自的作用是什么？

2）编译 C 语言的基本流程是什么？

3）编写 makefile 文件的作用是什么？

4）简述 gdb 调试工具的好处。

5）使用 vi 编辑器，GCC 编译器，gdb 调试器编写用选择法对输入的 10 个整数从大到小排序。

6）在 Linux 底下最常使用的文书编辑器为 vi，请问如何进入编辑模式？

7）如何由编辑模式跳回一般模式？

8）若上下左右键无法使用时，请问如何在一般模式移动光标？

9）若“pagedown”“pageup”在一般模式无法使用时，如何往前或往后翻一页？

10）如何到本档案的最后一行、第一行；本行的第一个字符、最后一个字符？

11）如何删除一行、n 行；如何删除一个字符？

12）如何搜寻 string 这个字符串？

13）如何读取一个档案 filename？

14）如何另存新档成为 newfilename？

15）如何存档、离开、存档后离开、强制存档后离开？

16）如何设定与取消行号？

第 5 章　嵌入式 Linux 开发环境搭建

5.1　飞凌 OKMX6UL-C 平台简介

i. MX 6 系列是恩智浦（原飞思卡尔）推出的基于 ARM® Cortex™-A9 架构的包括单核、双核和四核在内的高扩展性多核系列应用处理器平台，它促进了消费电子、工业和汽车车载娱乐系统等新一代应用的发展。

OKMX6UL-C 开发平台基于 TI AM335X 处理器，运行主频高达 1GHz，支持 Linux、WinCE、Android 三大操作系统及 StarterWare 裸机程序，飞凌 OKMX6UL-C 开发平台核心板和底板采用接插件的连接方式，如图 5-1 所示。

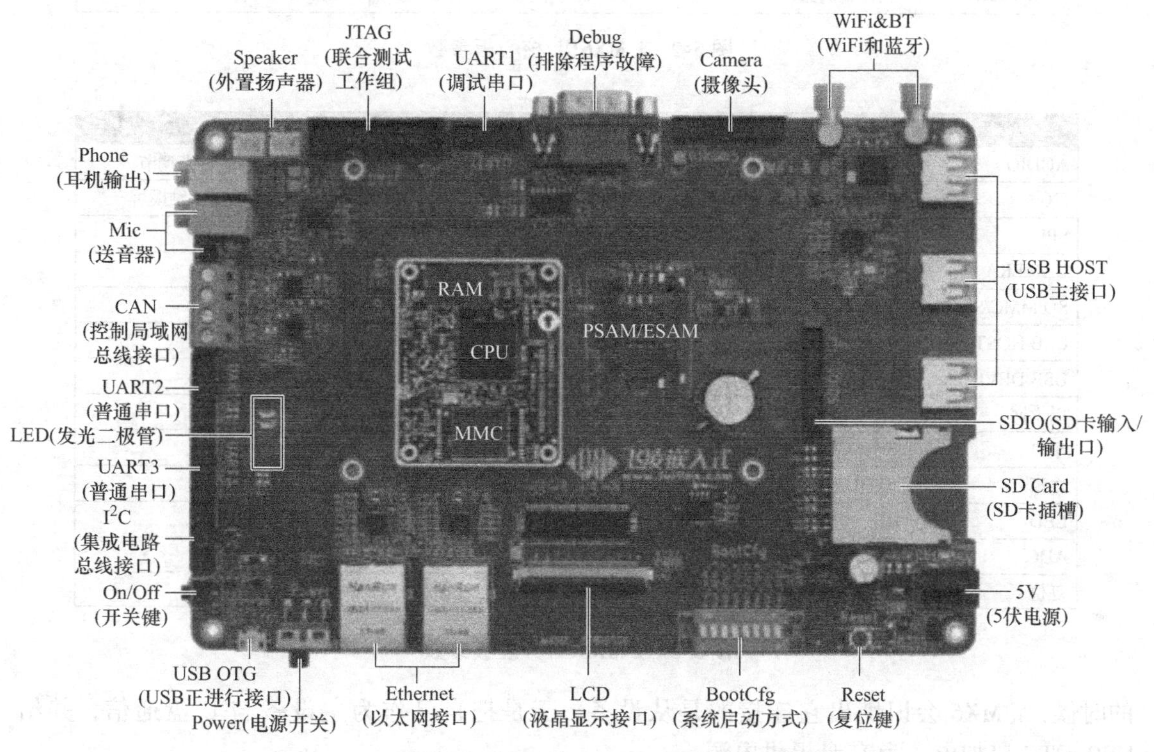

图 5-1　飞凌 OKMX6UL-C 开发平台

如图 5-2 和图 5-3 所示，i. MX6UL 核心板的配套评估板，常用接口均已引出，如两个网口、两个 CAN、3 路 USB、一个 OTG、3 路串口等，标准化的接口让开发更简单。

3 个 USB 接口，可以支持 U 盘、键盘、鼠标/WiFi 的网卡等。1 个 USB2. 0 的 OTG，可连接 OTG 的设备。USB OTG 是 USB On-The-Go 的缩写。简单来说，当具备 USB OTG 功能的设备（如 i. MX6）连接到 USB 主设备（如计算机）的时候，i. MX6 会识别出它连接的是主设备，于是把自己作为从设备与计算机通信，不给 USB-OTG 口供电；当 i. MX6 与 U 盘连接

i.MX6UL核心板参数			
CPU	Freescale 单核 i.MX6UL	EBI BUS	16bit并行总线
架构	Cortex-A7	JTAG	支持
主频	258MHz	GAMERA	1路 5MB像素并口
内存	512MB LvDDR3	KeyPad Port	8×8
FLASH	8GB eMMC	SPDIF	1路
工作电压	5V电压供电	AUDIO	≤3路
图形处理器	PXP	I^2C	≤4路
尺寸	40mm×50mm	SPI	≤4路
接口方式	板对板连接器	CAN	≤2路
操作系统	Linux 3.14.38	SD/MMC/SDIO	≤2路
LCD	RGB 24bit	Ethernet	≤2路 10Mbit/s/100Mbit/s自适应
QSPI	1路	UART/IrDA	≤8路
USB DEBICE	2路	ADC	≤10路
EINT/GPIO	支持	PWM	≤8路
Video coder	软件编码器	ISO7816-3	≤2路

图 5-2 i. MX6UL 核心板参数

i.MX6UL开发板参数			
AUDIO	1路Phone，1路Mic，2路Speaker	PWM	1个，接到液晶背光调节
I2C	2个，从插座引出	LCD	1个，支持7in电阻触摸屏
SPI	支持，未引出	拨码开关	8位
CAMERA	1个5MB并口摄像头，OV5640	CAN	2路
SD/MMC/SDIO	1个	EINT	支持
USB HOST	3个USB2.0插座	WiFi&蓝牙	1个
USB DEVICE	1个USB micro 2.0插座	GPIO	支持
以太网	2个10Mbit/s/100Mbit/s以太网口，RJ45插座	EBI BUS	支持
串口	3个，从插座引出	实时时钟	支持
电源	5V恒压电源接口	JTAG	支持
LED	4个	GPS	支持串口GPS模块
ADC	4个，用于电阻触摸板	3G	支持USB 3G模块
复位	1个复位按钮		

图 5-3 i. MX6UL 开发板参数

的时候，i. MX6 会识别出它连接的是从设备，于是把自己作为主设备与 U 盘通信，并给 USB-OTG 口加电，为 U 盘提供电源。

两个以太网口，10Mbit/s/100Mbit/s 自适应，做工业控制网关是非常有用的，目前两个网口可独立使用。

CAN 总线，驱动已经做到板子上了。可针对充电桩、汽车电子等领域。

1 个 WiFi& 蓝牙一体模块，可针对物联网类的应用、智能家居、控制类的应用。

标准的 SD 卡槽，支持 SDIO，可接 SDIO 接口的 WiFi、网卡。

支持 1 个 5MP 并口摄像头，OV5640，可实现拍照录像等功能。

5.2 OKMX6UL-C 开发平台启动

NAND 启动，设置拨码开关：1 3 ON，2 4 5 6 7 8 OFF，如图 5-4 所示。

图 5-4 OKMX6UL-C 开发平台拨码开关

插上 5V 电源供电如图 5-5 所示。

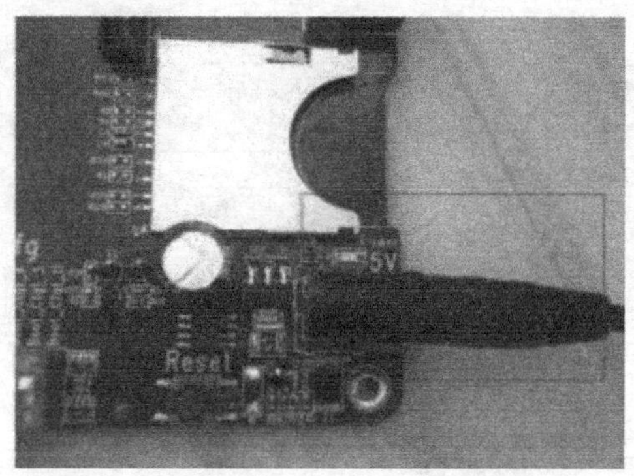

图 5-5 OKMX6UL-C 开发平台电源接口

插入串口线，其调试口连接方式如图 5-6 所示。调试串口是标准 9 针 RS-232 串口，采用 DB9 与计算机相连。若计算机无串口，可用 USB 转串口线。UART1 是调试串口，5 线，3.3V 电平。经过 MAX3232（U6）转为 RS-232 电平，引到 DB9 座上。

图 5-6 OKMX6UL-C 开发平台串口连接

PC 端串口设置如下。

打开超级终端进行图 5-7 所示的设置

新建连接

串口

串　口(P)	COM8
波特率(B)	115200
数据位(D)	8bits
校验位(A)	None
停止位(S)	1 bit
流　控(W)	None
Transmit Delay(char)	0
Transmit Delay(line)	0

终端设置

日志类型(L)	None
日志文件(F)	
编码(E)	UTF-8
本地回显(O)	否
换行(N)	CR
Auto Exec Macro	

确定　取消

图 5-7　超级终端串口设置

串口号根据用户的串口连接进行选择。

注意：串口号是根据开发板连接时在 PC Windows 上生成的实际串口编号，串口号会随着计算机重启或开发板重启变化。

设置完成后将 power 键拨到左边，启动评估板，如图 5-8 所示。

图 5-8　拨电源开关启动开发板

此时从超级终端看到调试信息，如图 5-9 所示。

首次启动需要校准。

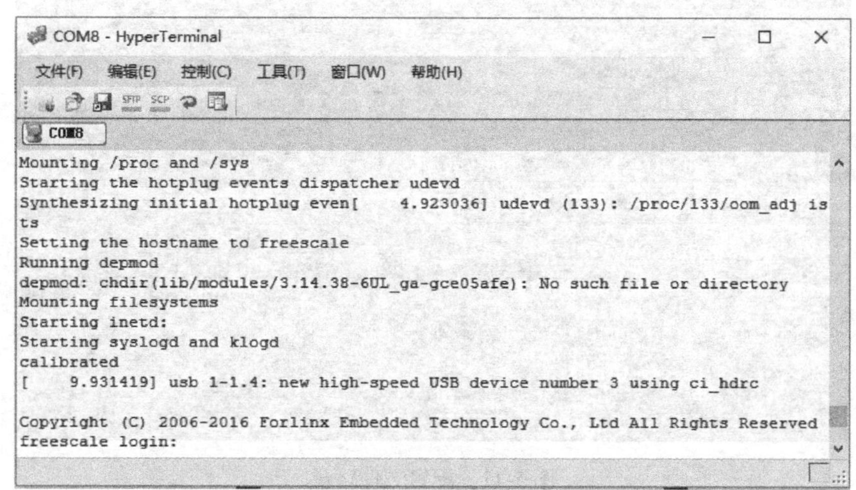

图 5-9　开发板启动信息

5.3　Linux 超级终端 minicom 的使用

Linux 下的 minicom 的功能与 Windows 下的超级终端功能相似，可以通过串口控制外部的硬件设备，适合在 Linux 通过超级终端对嵌入式设备行管理，同样也可以使用 minicom 对外置 Modem 进行控制。

1. 安装 Minicom

在终端中输入#apt-get install minicom

2. 配置 Minicom

第一次启动时即输入 minicom 提示错误。则需输入# minicom -s 启动。弹出图 5-10 和图 5-11 所示的设置界面。

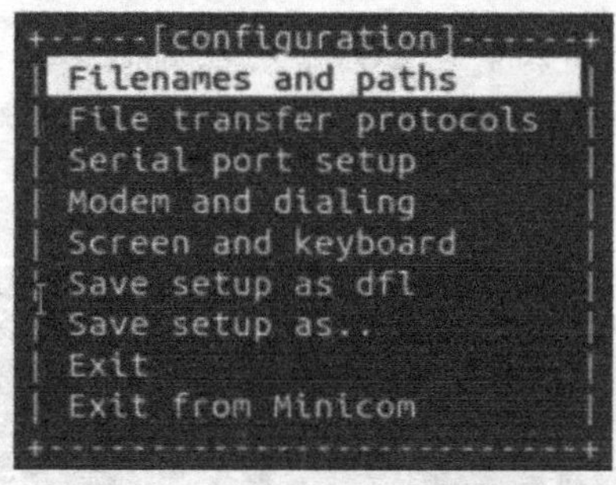

图 5-10　minicom 参数配置

A - Download directory：/tmp（文件从开发板传输到 PC 上，在 PC 下的默认保存文件路径，下载的文件的存储位置）

B - Upload directory：/home/gyzwl（在 PC 上查找需要传输的文件的默认路径，从此处读取上传的文件）

```
root@ubuntu: ~

Welcome to minicom 2.5

OPTIONS: I18n
Comp+-----------------------------------------------------------------------+
Port| A - Download directory : /tmp                                         |
    | B - Upload directory   : /home/gyzwl                                  |
Pres| C - Script directory   :                                              |
    | D - Script program     : runscript                                    |
    | E - Kermit program     :                                              |
Copy| F - Logging options                                                   |ver
free|                                                                       |
root|    Change which setting?                                              |
abc +-----------------------------------------------------------------------+
root@freesca| Screen and keyboard      |
            | Save setup as dfl        |
            | Save setup as..          |
            | Exit                     |
            +--------------------------+
```

图 5-11　配置文件路径

使用方向键选择 Serial port setup，进行串口设置，按 <Enter> 键，进入设置环境，如图 5-12 所示。

```
+-----------------------------------------------------------------------+
| A -    Serial Device      : /dev/tty8                                 |
| B - Lockfile Location     : /var/lock                                 |
| C -   Callin Program      :                                           |
| D -  Callout Program      :                                           |
| E -    Bps/Par/Bits       : 115200 8N1                                |
| F - Hardware Flow Control : Yes                                       |
| G - Software Flow Control : No                                        |
|                                                                       |
|    Change which setting?                                              |
+-----------------------------------------------------------------------+
```

图 5-12　串口设置

输入 a 或者 A，选择串口设备，在这里使用的是 USB 转串口，并且开发板连接到 COM1 上，将/dev/tty8 修改为/dev/ttyUSB0，如果用户不知道自己的开发板连接到计算机的哪个 COM 口，可以使用 fdisk-l 查看增加了哪个新的设备。

注意：使用 USB 转串口，那么串口 COM1 对应 ttyUSB0，COM2 对应 ttyUSB1；如果没有使用 USB 转串口，而是直接使用串口，那么串口 COM1 对应 ttyS0，COM2 对应 ttyS1，如图 5-13 所示。

```
root@ubuntu:/home/gyzwl# ls /dev/tty
tty      tty21    tty35    tty49    tty62      ttyS17   ttyS30
tty0     tty22    tty36    tty5     tty63      ttyS18   ttyS31
tty1     tty23    tty37    tty50    tty7       ttyS19   ttyS4
tty10    tty24    tty38    tty51    tty8       ttyS2    ttyS5
tty11    tty25    tty39    tty52    tty9       ttyS20   ttyS6
tty12    tty26    tty4     tty53    ttyprintk  ttyS21   ttyS7
tty13    tty27    tty40    tty54    ttyS0      ttyS22   ttyS8
tty14    tty28    tty41    tty55    ttyS1      ttyS23   ttyS9
tty15    tty29    tty42    tty56    ttyS10     ttyS24   ttyUSB0
tty16    tty3     tty43    tty57    ttyS11     ttyS25
tty17    tty30    tty44    tty58    ttyS12     ttyS26
tty18    tty31    tty45    tty59    ttyS13     ttyS27
tty19    tty32    tty46    tty6     ttyS14     ttyS28
tty2     tty33    tty47    tty60    ttyS15     ttyS29
tty20    tty34    tty48    tty61    ttyS16     ttyS3
```

图 5-13　查看增加的串口设备

配置完串口设备后，按 < Enter > 键，再输入 E，配置波特率，按默认配置即可。115200　8N1（波特率：115200，数据位：8，奇偶校验位：N 无，停止位：1）

配置完波特率，按 < Enter > 键，再输入 F，配置硬件流控，选择 NO。

再继续配置软件流控，也选择 NO。都配置完后，按下 < Enter > 键返回上一界面，选择 save setup as dfl（即将其保存位默认配置），再选择 Exit，关闭 Minicom。

再次输入命令#minicom，使刚才的配置生效，可以看到串口输出信息，如图 5-14 所示。

```
root@ubuntu: /home/gyzwl
[    3.155992] rtc-rx8010 0-0032: setting system clock to 2017-02-01 10:02:24 U)
[    3.183325] ALSA device list:
[    3.186340]   #0: wm8960-audio
[    3.190486] yaffs: dev is 32505861 name is "mtdblock5" ro
[    3.196126] yaffs: passed flags ""
[    3.484918] random: nonblocking pool is initialized
[    4.486276] VFS: Mounted root (yaffs2 filesystem) readonly on device 31:5.
[    4.496222] devtmpfs: mounted
[    4.500003] Freeing unused kernel memory: 392K (80a0c000 - 80a6e000)
Mounting /proc and /sys
Starting the hotplug events dispatcher udevd
Synthesizing initial hotplug even[    4.917427] udevd (133): /proc/133/oom_adj .
ts
Setting the hostname to freescale
Running depmod
depmod: chdir(lib/modules/3.14.38-6UL_ga-gce05afe): No such file or directory
Mounting filesystems
Starting inetd:
Starting syslogd and klogd
calibrated
[    9.911573] usb 1-1.4: new high-speed USB device number 3 using ci_hdrc

Copyright (C) 2006-2016 Forlinx Embedded Technology Co., Ltd All Rights Reserver
freescale login:
```

图 5-14　minicom 输出开发板启动信息

登录输入 root，不需要密码直接按 < Enter > 键即可进入开发板。

注意：非正常关闭 Minicom，会在/var/lock 下创建几个文件 LCK *，这几个文件阻止了 Minicom 的运行，将它们删除后即可恢复。

minicom 是基于窗口的。要弹出所需功能的窗口，可按下 < Ctrl > + < A > 再按 < Z > 键，将出现一个帮助窗口，提供了所有命令的简述。

退出 minicom 时，按下 < Ctrl > + < A > 组合键，松开后紧接着再按下 < Q > 键，在跳出的窗口中，选择“Yes”。

其他有用的功能命令如：

清屏　　　-- < Ctrl > + < A > 后按 < C >

设置　　　-- < Ctrl > + < A > 后按 < O >

发送文件　-- < Ctrl > + < A > 后按 < S >

5.4　Ubuntu 下安装 VMware Tools

VMware Tools 是 VMware 虚拟机中自带的一种增强工具，VMware Tools 可以增强物理机与虚拟机的互动操作，例如双向复制粘贴、虚拟机和物理机共享文件等功能，系统安装了 VMware Tools，才能更好使用虚拟机。安装步骤如下。

1. 加载 VMware Tools 安装光盘

打开虚拟机 VMware Workstation，启动 Ubuntu 系统，在菜单栏依次单击虚拟机→安装 VMware Tools，弹出窗口，如图 5-15 所示。

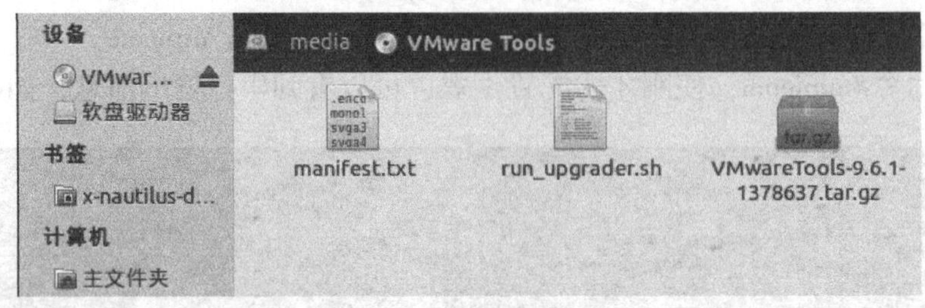

图 5-15　安装 VMware Tools

2. 将安装文件复制到本地磁盘

cd media/

进入该目录可以看到多了一个文件夹 VMware Tools。

cd VMware\ Tools/

将虚拟工具源文件复制到/tmp 目录下，或者在图形界面下直接用鼠标右键单击复制粘贴。

cp VMware Tools-9. 6. 1-1378637. tar. gz　/tmp/

3. 解压并执行安装命令

进入 tmp 目录解压该文件。

#tar zxvf VMware Tools-9. 6. 1-1378637. tar. gz

#cd vmware-tools-distrib/进入该目录，输入 . /vmware-install. pl 按 Enter 键，即开始安装。

安装程序时会询问安装文件存放位置和设置分辨率等一系列问题，在大多数情况下，安装默认配置 vmware tools 就可以正常工作，因此，可以按照提示默认安装，提示 no 的就按 n，提示 yes 的就按 y。

4. 完成安装

按 <Enter>键直到看见 Enjoy，--the VMware team 关闭终端，重启计算机安装完成。

5.5　Windows 与虚拟机 Linux 共享文件

安装好虚拟工具后就可以设置共享了。在 vmware workstation 程序菜单中单击 VM→Settings（设置）→Options（选项）→Shared Folders（共享文件夹）如图 5-16 所示。

这时可以看到文件夹共享分组框变得可以选择，单击“总是启用”，单击对话框右下的“add”按钮，单击“下一步”在文本框“name”中输入共享目录的名字（这里填写的目录名以后在虚拟机的 Linux 系统中将显示出同样的目录名），假设为 armshare 在“host folder”

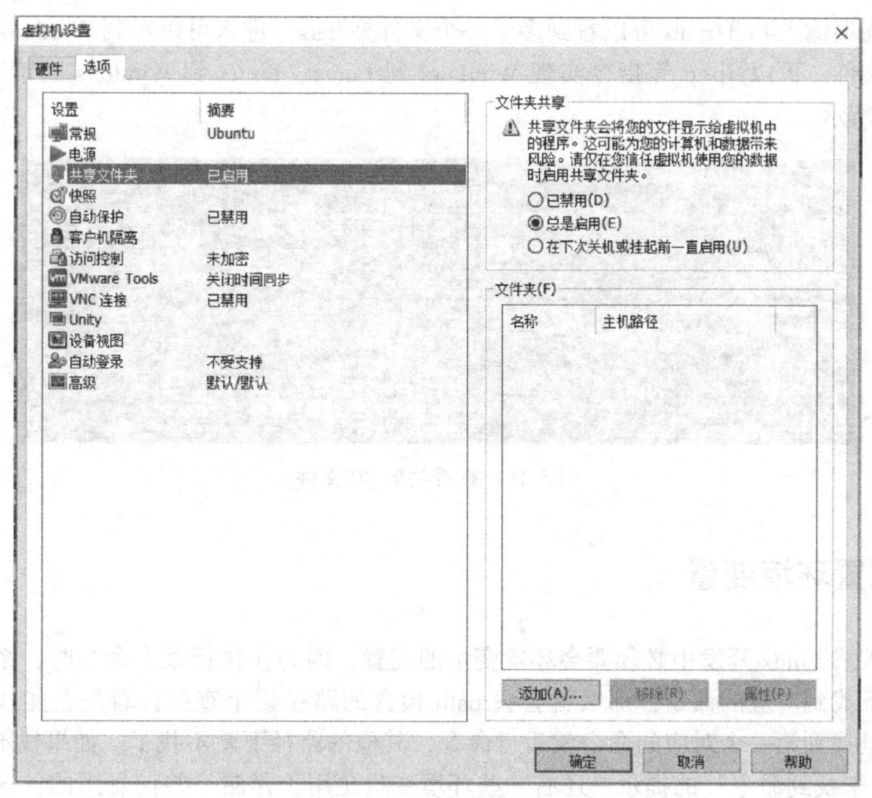

图 5-16　启动共享文件

中填入 host computer 中 Windows 系统想要共享出来的目录，也可以单击“浏览”找到要共享出来的文件夹，假设为“E:\智能家居实训”如图 5-17 所示，然后单击“确定”按钮。

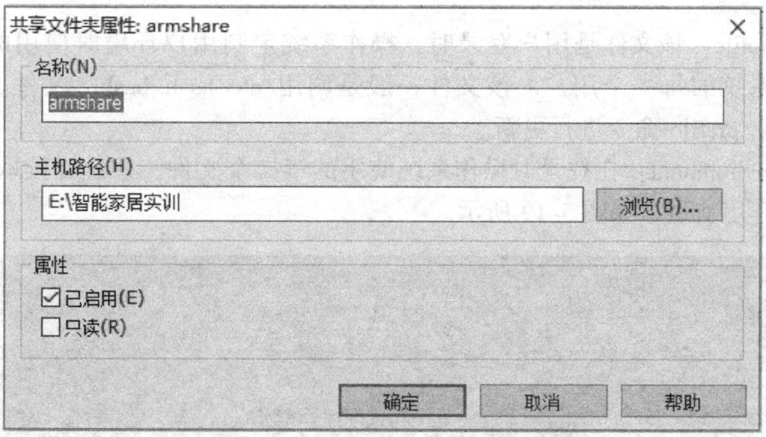

图 5-17　设置共享文件夹属性

下一个对话框是选择共享的方式：Enable this share 是指这个共享长期有效，目录可读写；Read-only 方式是指这个共享长期有效，目录只读；Disable after this session 方式是指下次 ghost computer 被关闭或挂起后，共享将会失效。在一般情况下选择 Enable this share 然后单击“完成”，自此，共享文件夹设置完毕。

回到终端输入# cd/mnt/可以看到多了一个文件夹 hgfs，进入可以看到 Windows 系统里共享出来的文件。可以用 cp 等指令实现 Windows 到 Linux、Linux 到 Windows 的读写操作了，如图 5-18 所示。

```
root@ubuntu: /mnt/hgfs/armshare
gyzwl@ubuntu:~$ su
密码:
root@ubuntu:/home/gyzwl# cd /mnt/hgfs/
root@ubuntu:/mnt/hgfs# ls
armshare  feiling
root@ubuntu:/mnt/hgfs# cd armshare/
root@ubuntu:/mnt/hgfs/armshare# ls
1018                            qt监控界面.JPG
16年秋实训                      RC封装尺寸.jpg
201347201404221988.jpg          S3C2440A产品概述.pdf
20151015_152102.jpg             S3C2440A处理器工作模式.pdf
20151029_114656.jpg             setalert.txt
```

图 5-18　查看共享 PC 文件

5.6　配置环境变量

在嵌入式 Linux 开发中必须要会环境变量的配置，因为在执行某个命令时，系统无法在当前路径下找到对应的命令，那么就会去 path 包含的路径逐个查找，看是否能找到对应的命令，一旦找到第一个对应的命令就运行命令，其他的路径下就不找了。如果找不到就会看到“ ** ：未找到命令”的提示。还有一些环境变量是用于存储一些信息用的，这些信息可以被系统使用，也可以被应用程序使用。

Linux 中环境变量包括系统级和用户级，系统级的环境变量是每个登录到系统的用户都要读取的系统变量，而用户级的环境变量则是该用户使用系统时加载的环境变量。

1. 系统级

1）/etc/profile：该文件是用户登录时，操作系统定制用户环境时使用的第一个文件，应用于登录到系统的每一个用户。该文件一般是调用/etc/bash. bashrc 文件。修改完成后，使用 source /etc/profile 命令进行更新。

2）/etc/environment：在登录时操作系统使用的第二个文件，系统在读取 profile 前，设置环境文件的环境变量，如图 5-19 所示。

```
gyzwl@ubuntu: /etc
PATH="/usr/local/sbin:/usr/local/bin:/usr/sbin:/usr/bin:/sbin:/bin:/usr/games"
LANGUAGE="zh_CN:en"
LANG="zh_CN.UTF-8"
LC_NUMERIC="en_US.UTF-8"
LC_TIME="en_US.UTF-8"
LC_MONETARY="en_US.UTF-8"
LC_PAPER="en_US.UTF-8"
LC_IDENTIFICATION="en_US.UTF-8"
LC_NAME="en_US.UTF-8"
LC_ADDRESS="en_US.UTF-8"
LC_TELEPHONE="en_US.UTF-8"
LC_MEASUREMENT="en_US.UTF-8"
```

图 5-19　查看环境变量

2. 用户级（这些文件在家目录下）

1） ~/. profile：每个用户都可使用该文件输入专用于自己使用的 shell 信息，当用户登录时，该文件仅仅执行一次，在默认情况下，设置一些环境变量，执行用户的 .bashrc 文件。这里是推荐放置个人设置的地方。

2） ~/. bashrc：该文件包含专用于 bash shell 的 bash 信息，当登录时以及每次打开新的 shell 时，该文件被读取。不推荐放到这里，因为每开一个 shell，这个文件会读取一次，效率肯定有影响。

通过上面的文件介绍，读者可以知道在需要设置环境变量的时候，需要修改什么文件，要想对所有的用户生效，那就需要设置系统级的环境变量。反之，需要修改用户级的文件。

3. 常用的环境变量

PATH：决定了 shell 将到哪些目录中寻找命令或程序。

HOME：当前用户主目录。

HISTSIZE：历史记录数。

LOGNAME：当前用户的登录名。

HOSTNAME：指主机的名称。

SHELL：当前用户 Shell 类型。

LANGUAGE：语言相关的环境变量，多语言可以修改此环境变量。

MAIL：当前用户的邮件存放目录。

PS1：基本提示符，对于 root 用户是#，对于普通用户是 $。

4. 使用命令 echo 显示环境变量

如图 5-20 所示。

```
gyzwl@ubuntu:/boa/www$ echo $HOME
/home/gyzwl
```

```
root@ubuntu:/mnt/hgfs/armshare# echo $PATH
/usr/local/sbin:/usr/local/bin:/usr/sbin:/usr/bin:/sbin:/bin:/usr/games
```

图 5-20　显示环境变量

使用 env 命令显示所有的环境变量，显示如下（有删减）：

```
LC_PAPER = en_NG. UTF-8
MANPATH = /usr/local/qt-everywhere-opensource-src-4. 7. 1/doc/man:
SSH_AGENT_PID = 2480
LC_ADDRESS = en_NG. UTF-8
LC_MONETARY = en_NG. UTF-8
SHELL = /bin/bash
TERM = xterm
QTDIR = /usr/local/qt-everywhere-opensource-src-4. 7. 1
USER = gyzwl
MAIL = /var/mail/gyzwl
DESKTOP_SESSION = ubuntu
PATH = /usr/local/sbin:/usr/local/bin:/usr/sbin:/usr/bin:/sbin:/bin:/usr/games
PWD = /boa/www
LANG = zh_CN. UTF-8
```

```
MANDATORY_PATH =/usr/share/gconf/ubuntu. mandatory. path
GDMSESSION = ubuntu
HOME =/home/gyzwl
SHLVL =4
LANGUAGE = zh_CN:en
GNOME_DESKTOP_SESSION_ID = this-is-deprecated
LOGNAME = gyzwl
COLORTERM = gnome-terminal
```

例：通过修改环境变量定义文件来修改环境变量。

在一般情况下，仅修改普通用户环境变量配置文件，避免修改根用户的环境定义文件，因为那样可能会造成潜在的危险。

修改系统环境变量文件/etc/profile。

```
# vi /etc/profile        #修改系统环境变量文件
```

在文件末尾添加：

```
PATH =$ PATH:/usr/local/arm/4. 4. 1/bin
QTDIR =/usr/local/qt-everywhere-opensource-src-4. 7. 1
PATH =$ QTDIR/bin:$ PATH
MANPATH =$ QTDIR/doc/man:$ MANPATH
LD_LIBRARY_PATH =$ QTDIR/lib:$ LD_LIBRARY_PATH
export QTDIR PATH MANPATH LD_LIBRARY_PATH
#wq 保存退出
#source /etc/profile 配置生效
```

编辑 PATH 其格式为：

```
PATH =$ PATH: <PATH 1 > : <PATH 2 > : <PATH 3 > :------ : <PATH N >
```

可以自己加上指定的路径，中间用冒号隔开。环境变量更改后，在用户下次登录时生效。如果想立刻生效，则可执行下面的语句：#source /etc/profile

注意：一定要加上 $ PATH，否则会把系统原来的路径全部覆盖掉。

5.7 Ubuntu 下 NFS 使用

5.7.1 NFS 服务简介

NFS 是 Network File System 的缩写，即网络文件系统，它是由 Sun 公司开发，于 1984 年向外公布。通过网络让不同的机器、不同的操作系统能够彼此分享数据，让应用程序在客户端通过网络访问位于服务器磁盘中的数据，是在类 UNIX 系统间实现磁盘文件共享的一种方法。其原理就是在客户端上通过网络将远程主机共享文件系统以挂载（Mount）的方式加入本机的文件系统，之后的操作就如同在本机上一样。

5.7.2 NFS 安装配置

Ubuntu 上默认是没有安装 NFS 服务器的，首先要安装 NFS 服务程序。

1. 服务端安装 NFS

#apt-get install nfs-kernel-server

apt 会自动安装 nfs-common 和 portmap，这样宿主机就相当于 NFS Server。

在/bin 目录下创建 NFS 的软链接：

ln -s /etc/init. d/nfs-kernel-server nfs 创建软链接，在任何目录下输入 nfs restart 都可以启动 NFS，如图 5-21 所示。

```
root@ubuntu:/mnt/nfs# ll /bin/nfs
lrwxrwxrwx 1 root root 29 Jan  3 01:03 /bin/nfs -> /etc/init.d/nfs-kernel-server*
```

图 5-21 创建 nfs 的软链接

2. 配置/etc/exports

NFS 挂载目录及权限由/etc/exports 文件定义。

#vi /etc/exports 比如要将 home 目录中的/home/gyzwl/NfsShare 目录让 192. 168. 1. * 的 IP 共享，则在该文件末尾添加下列语句：

/home/gyzwl/NfsShare   192. 168. 1. * (rw, sync, no_root_squash)

192. 168. 1. * ：前面三位是开发平台（NFS 客户端）的 IP 地址，本机终端 ifconfig 命令就可以获得或者配置本机的 IP 地址。

rw：读/写权限，只读权限的参数为 ro。

sync：数据同步写入内存和硬盘，也可以使用 async，此时数据会先暂存于内存中，而不立即写入硬盘。

no_ root_ squash：NFS 服务器共享目录用户的属性，如果用户是 root，那么对于这个共享目录来说就具有 root 的权限。

showmout 命令对于 NFS 的操作和查错有很大的帮助，下面介绍 showmount 的用法。

-a：这个参数是一般在 NFS Server 上使用，是用于显示已经 mount 上本机 NFS 目录的 cline 机器。

-e：显示指定的 NFS Server 上 export 出来的目录。

例如：

Showmount -e 192. 168. 0. 106

如图 5-22 所示。

```
root@ubuntu:/mnt/nfs# showmount -a
All mount points on ubuntu:
192.168.0.100:/mnt/nfs
root@ubuntu:/mnt/nfs# showmount -e 192.168.0.106
Export list for 192.168.0.106:
/mnt/nfs *
root@ubuntu:/mnt/nfs# 
```

图 5-22 查看挂载的目录

5.7.3 挂载 NFS

(1) 设置开发板、虚拟机、PC 的 IP 地址

如图 5-23 ~ 图 5-25 所示。

```
root@ubuntu: /home/gyzwl
Port /dev/ttyUSB0

Press CTRL-A Z for help on special keys


Copyright (C) 2006-2016 Forlinx Embedded Technology Co., Ltd All Rights Reservem
freescale login: root
root@freescale ~$ ifconfig
root@freescale ~$ ifconfig eth0 192.168.0.100 up
[   93.821289] fec 20b4000.ethernet eth0: Freescale FEC PHY driver [Micrel KSZ8)
[   93.871307] IPv6: ADDRCONF(NETDEV_UP): eth0: link is not ready
root@freescale ~$ ifcon[   97.821725] libphy: 20b4000.ethernet:01 - Link is Up l
[   97.827764] IPv6: ADDRCONF(NETDEV_CHANGE): eth0: link becomes ready
fig
eth0      Link encap:Ethernet  HWaddr 22:A7:18:05:59:DF
          inet addr:192.168.0.100  Bcast:192.168.0.255  Mask:255.255.255.0
          inet6 addr: fe80::20a7:18ff:fe05:59df/64 Scope:Link
          UP BROADCAST RUNNING MULTICAST  MTU:1500  Metric:1
          RX packets:40 errors:0 dropped:0 overruns:0 frame:0
          TX packets:7 errors:0 dropped:0 overruns:0 carrier:0
          collisions:0 txqueuelen:1000
          RX bytes:3624 (3.5 KiB)  TX bytes:578 (578.0 B)

root@freescale ~$
```

图 5-23 设置开发板 IP 地址

```
root@ubuntu: /home/gyzwl
gyzwl@ubuntu:~$ su
密码:
root@ubuntu:/home/gyzwl# ifconfig
eth0      Link encap:以太网  硬件地址 00:0c:29:33:a6:a3
          inet 地址:192.168.0.106  广播:192.168.0.255  掩码:255.255.255.0
          inet6 地址: fe80::20c:29ff:fe33:a6a3/64 Scope:Link
          UP BROADCAST RUNNING MULTICAST  MTU:1500  跃点数:1
          接收数据包:143 错误:0 丢弃:0 过载:0 帧数:0
          发送数据包:90 错误:0 丢弃:0 过载:0 载波:0
          碰撞:0 发送队列长度:1000
          接收字节:30292 (30.2 KB)  发送字节:12438 (12.4 KB)
          中断:19 基本地址:0x2024

lo        Link encap:本地环回
          inet 地址:127.0.0.1  掩码:255.0.0.0
          inet6 地址: ::1/128 Scope:Host
          UP LOOPBACK RUNNING  MTU:16436  跃点数:1
          接收数据包:19 错误:0 丢弃:0 过载:0 帧数:0
          发送数据包:19 错误:0 丢弃:0 过载:0 载波:0
          碰撞:0 发送队列长度:0
          接收字节:1415 (1.4 KB)  发送字节:1415 (1.4 KB)

root@ubuntu:/home/gyzwl#
```

图 5-24 设置虚拟机 IP 地址

最后将本机的虚拟以太网和无线网禁用，将本机和虚拟机的网络防火墙关闭，否则会 ping 不通，如图 5-26 和图 5-27 所示。

Internet 协议版本 4 (TCP/IPv4) 属性

常规

如果网络支持此功能，则可以获取自动指派的 IP 设置。否则，你需要从网络系统管理员处获得适当的 IP 设置。

○自动获得 IP 地址(O)

◉使用下面的 IP 地址(S):

IP 地址(I): 192 . 168 . 0 . 103

子网掩码(U): 255 . 255 . 255 . 0

默认网关(D): 192 . 168 . 0 . 1

○自动获得 DNS 服务器地址(B)

◉使用下面的 DNS 服务器地址(E):

首选 DNS 服务器(P):

备用 DNS 服务器(A):

☐退出时验证设置(L)　　高级(V)...

确定　取消

图 5-25　设置本机 IP 地址

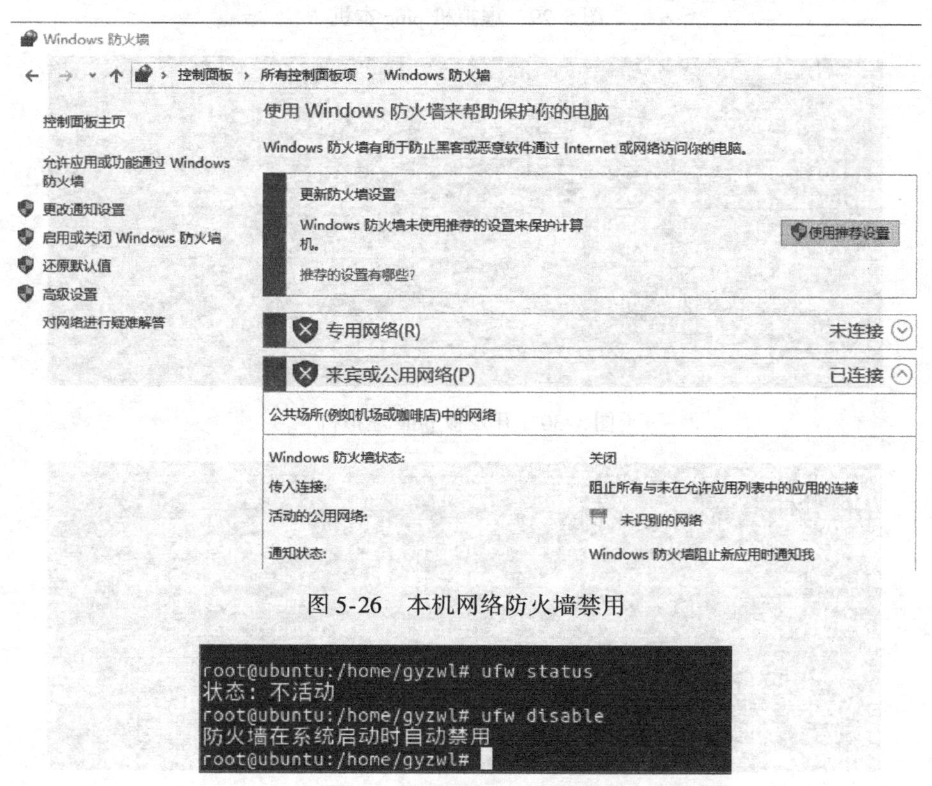

图 5-26　本机网络防火墙禁用

```
root@ubuntu:/home/gyzwl# ufw status
状态: 不活动
root@ubuntu:/home/gyzwl# ufw disable
防火墙在系统启动时自动禁用
root@ubuntu:/home/gyzwl#
```

图 5-27　虚拟机网络防火墙关闭

（2）检查网络是否通

如图 5-28 ~ 图 5-32 所示。

```
root@ubuntu:/home/gyzwl# ping 192.168.0.100
PING 192.168.0.100 (192.168.0.100) 56(84) bytes of data.
64 bytes from 192.168.0.100: icmp_req=1 ttl=64 time=1.56 ms
64 bytes from 192.168.0.100: icmp_req=2 ttl=64 time=0.811 ms
64 bytes from 192.168.0.100: icmp_req=3 ttl=64 time=0.837 ms
64 bytes from 192.168.0.100: icmp_req=4 ttl=64 time=0.926 ms
64 bytes from 192.168.0.100: icmp_req=5 ttl=64 time=2.87 ms
^C
--- 192.168.0.100 ping statistics ---
5 packets transmitted, 5 received, 0% packet loss, time 4015ms
rtt min/avg/max/mdev = 0.811/1.401/2.870/0.785 ms
root@ubuntu:/home/gyzwl#
```

图 5-28　虚拟机 ping 开发板

```
root@ubuntu:/home/gyzwl# ping 192.168.0.103
PING 192.168.0.103 (192.168.0.103) 56(84) bytes of data.
64 bytes from 192.168.0.103: icmp_req=1 ttl=128 time=0.410 ms
64 bytes from 192.168.0.103: icmp_req=2 ttl=128 time=0.498 ms
64 bytes from 192.168.0.103: icmp_req=3 ttl=128 time=0.442 ms
64 bytes from 192.168.0.103: icmp_req=4 ttl=128 time=0.650 ms
64 bytes from 192.168.0.103: icmp_req=5 ttl=128 time=0.413 ms
64 bytes from 192.168.0.103: icmp_req=6 ttl=128 time=0.459 ms
^C
--- 192.168.0.103 ping statistics ---
6 packets transmitted, 6 received, 0% packet loss, time 4999ms
rtt min/avg/max/mdev = 0.410/0.478/0.650/0.085 ms
root@ubuntu:/home/gyzwl#
```

图 5-29　虚拟机 ping 本机

```
root@freescale ~$ ping 192.168.0.106
PING 192.168.0.106 (192.168.0.106): 56 data bytes
64 bytes from 192.168.0.106: seq=0 ttl=64 time=1.287 ms
64 bytes from 192.168.0.106: seq=1 ttl=64 time=1.460 ms
64 bytes from 192.168.0.106: seq=2 ttl=64 time=1.059 ms
64 bytes from 192.168.0.106: seq=3 ttl=64 time=1.017 ms
64 bytes from 192.168.0.106: seq=4 ttl=64 time=1.035 ms
64 bytes from 192.168.0.106: seq=5 ttl=64 time=1.046 ms

--- 192.168.0.106 ping statistics ---
6 packets transmitted, 6 packets received, 0% packet loss
round-trip min/avg/max = 1.017/1.150/1.460 ms
root@freescale ~$
```

图 5-30　开发板 ping 虚拟机

```
root@freescale ~$ ping 192.168.0.103
PING 192.168.0.103 (192.168.0.103): 56 data bytes
64 bytes from 192.168.0.103: seq=0 ttl=128 time=0.970 ms
64 bytes from 192.168.0.103: seq=1 ttl=128 time=1.028 ms
64 bytes from 192.168.0.103: seq=2 ttl=128 time=1.091 ms
64 bytes from 192.168.0.103: seq=3 ttl=128 time=1.011 ms
64 bytes from 192.168.0.103: seq=4 ttl=128 time=0.983 ms

--- 192.168.0.103 ping statistics ---
5 packets transmitted, 5 packets received, 0% packet loss
round-trip min/avg/max = 0.970/1.016/1.091 ms
root@freescale ~$
```

图 5-31　开发板 ping 本机

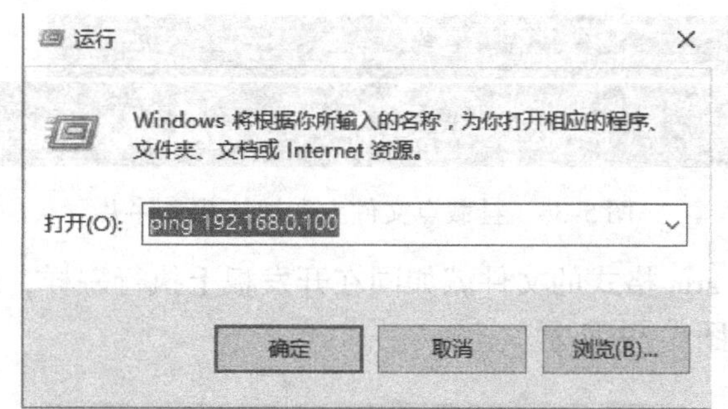

图 5-32　本机 ping 开发板

（3）客户端使用 mount 命令挂载 NFS 共享文件

启动虚拟机即服务端的 NFS 服务，如图 5-33 所示。

mount -t nfs-o nolock192. 168. 0. 106 :/mnt/nfs/tmp

```
root@ubuntu:/home/gyzwl# nfs stop
 * Stopping NFS kernel daemon                                          [ OK ]
 * Unexporting directories for NFS kernel daemon...                    [ OK ]
root@ubuntu:/home/gyzwl# nfs status
nfsd not running
root@ubuntu:/home/gyzwl# nfs start
 * Exporting directories for NFS kernel daemon...                      [ OK ]
 * Starting NFS kernel daemon                                          [ OK ]
root@ubuntu:/home/gyzwl#
```

图 5-33　虚拟机服务端启动 NFS 服务

命令格式：mount-t nfs nfs 服务器地址：目录共享本地挂载目录点。

客户端可使用 df 命令或 mount 命令查看挂载情况，如图 5-34 和图 5-35 所示。

```
root@freescale /$ mount
rootfs on / type rootfs (rw)
/dev/root on / type yaffs2 (rw,relatime)
devtmpfs on /dev type devtmpfs (rw,relatime,size=91260k,nr_inodes=22815,mode=75)
proc on /proc type proc (rw,relatime)
sys on /sys type sysfs (rw,relatime)
tmpfs on /dev type tmpfs (rw,relatime,mode=755)
devpts on /dev/pts type devpts (rw,relatime,mode=600)
shm on /dev/shm type tmpfs (rw,relatime)
rwfs on /mnt/rwfs type tmpfs (rw,relatime,size=512k)
192.168.0.106:/mnt/nfs on /tmp type nfs (rw,relatime,vers=3,rsize=131072,wsize=)
```

图 5-34　mount 查看 NFS 挂载文件

```
root@freescale /$ df -h
Filesystem                Size      Used Available Use% Mounted on
/dev/root               238.1M    156.2M     82.0M  66% /
devtmpfs                121.3M     36.0K    121.3M   0% /dev
tmpfs                   121.3M     36.0K    121.3M   0% /dev
shm                     121.3M         0    121.3M   0% /dev/shm
rwfs                    512.0K         0    512.0K   0% /mnt/rwfs
192.168.0.106:/mnt/nfs
                                    5.4G     12.6G  30% /tmp
```

图 5-35　df 查看 NFS 挂载文件

挂载后进入开发板的 tmp 目录可以看到该路径下内容和服务器上挂载点的文件一模一样，如图 5-36 所示。

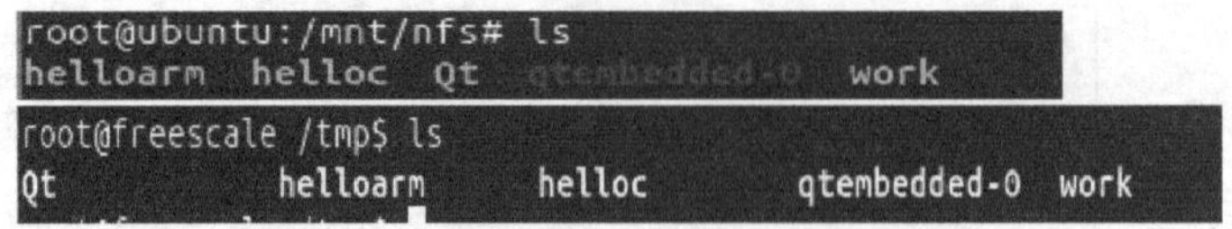

图 5-36　挂载点文件夹和被挂载文件夹

在 tmp 目录下执行 arm 格式的文件就如同在开发板上执行一样，结果正确就可以将文件下载到开发板上了，如图 5-37 所示。

```
root@freescale /tmp$ ./helloarm
hello world!
```

图 5-37　在挂载点执行文件

（4）客户端卸载 NFS 文件

umount /tmp，如图 5-38 所示，挂载的目录已经被卸载。

```
root@freescale /$ umount tmp
root@freescale /$ mount
rootfs on / type rootfs (rw)
/dev/root on / type yaffs2 (rw,relatime)
devtmpfs on /dev type devtmpfs (rw,relatime,size=91260k,nr_inodes=22815,mode=75)
proc on /proc type proc (rw,relatime)
sys on /sys type sysfs (rw,relatime)
tmpfs on /dev type tmpfs (rw,relatime,mode=755)
devpts on /dev/pts type devpts (rw,relatime,mode=600)
shm on /dev/shm type tmpfs (rw,relatime)
rwfs on /mnt/rwfs type tmpfs (rw,relatime,size=512k)
root@freescale /$ cd tmp
root@freescale /tmp$ ls
interfaces    ltib        qtembedded-0
```

图 5-38　卸载 NFS 文件

NFS 故障解决。

- 检查网络是否通

开发板、虚拟机、本机的 IP 地址必须在同一网段。关闭防火墙，关闭虚拟以太网和无线网，虚拟机是桥接模式。

#ufw status 可检查防火墙的状态启用

#ufw enable 开启/关闭防火墙（默认设置是'disable'）

#　ufw enable | disable

- NFSD 没有启动

首先要确认 NFS 输出列表是否存在，否则 NFSD 不会启动。可用 exportfs 命令来检查，如果 exportfs 命令没有结果返回或返回不正确，则需要检查/etc/exports 文件，如图 5-39 和图 5-40 所示。

```
root@ubuntu:/home/gyzwl# exportfs
/mnt/nfs        <world>
root@ubuntu:/home/gyzwl#
```

图 5-39　检查输出列表

```
root@freescale ~$ mount -t nfs  -o nolock 192.168.0.106:/mnt/nfs /tmp
mount: mounting 192.168.0.106:/mnt/nfs on /tmp failed: Network is unreachable
root@freescale ~$
```

图 5-40　没有启动 NFSD 或者网络不通

5.8　tftp 服务配置与使用

tftp 是用于下载远程文件的最简单网络协议。嵌入式 Linux 的 tftp 开发环境包括两个方面：一是 Linux 服务器端的 tftp-server 支持，二是嵌入式目标系统的 tftp-client 支持。因为 u-boot 本身内置支持 tftp-client，所以嵌入式目标系统端就不用配置了。

5.8.1　配置 tftp 服务

1）安装相关软件包：

#apt-get install tftp-hpatftpd-hpa

2）建立配置文件：

#vim/etc/default/tftpd-hpa3

在文件中输入图 5-41 所示内容。

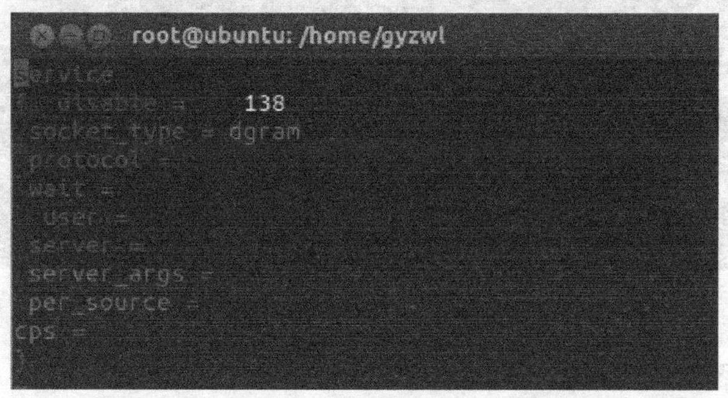

图 5-41　建立配置文件

保存退出。

3）和 NFS 服务一样需要配置 IP 地址。计算机 Windows 的设置成 192. 168. 0. 103，Linux 的设置成 192. 168. 0. 106 板子的 IP 设置成 192. 168. 0. 100。

4）在虚拟机服务端建立 tftp 服务文件目录（上传文件与下载文件的位置），并且更改其权限。

#mkdir/tftpboot

#chmod 777/tftpboot

5）重新启动服务。

#/etc/init. d/xinetd restart

如图 5-42 所示。

```
root@ubuntu:/tftpboot# service tftpd-hpa restart
tftpd-hpa stop/waiting
tftpd-hpa start/running, process 3284
```

图 5-42 启动 tftp 服务

6）从 Server 下载文件到 Client，如果不更名使用下面的命令：

tftp-g 源文件名-r 服务器地址

在板子上执行命令 tftp -r work -g 192. 168. 0. 106 就可以将 tftp 下得 work 文件下载到板子的当前目录，如图 5-43 所示。

```
root@freescale ~$ tftp -r work -g 192.168.0.106
tftp: timeout
root@freescale ~$ tftp -r work -g 192.168.0.106
work                100% |********************************|   340k  0:00:00 ETA
```

图 5-43 开发板客户端接收文件

7）从 Server 上传文件到 Client，通过 ftp 192. 168. 0. 100 登录到开发板，put 文件名上传文件，如图 5-44 所示。

```
root@ubuntu:/tftpboot# ftp 192.168.0.100
Connected to 192.168.0.100.
220 Operation successful
Name (192.168.0.100:gyzwl):
230 Operation successful
Remote system type is UNIX.
Using binary mode to transfer files.
ftp> put abc
local: abc remote: abc
200 Operation successful
150 Ok to send data
226 Operation successful
ftp> 
```

图 5-44 上传文件到开发板

上传后的文件如图 5-45 所示。

```
root@freescale /$ ls
abc          home         mnt               sbin
bin          lib          opt               status.sh
dev          linuxrc      pack-rootfs.sh    sys
etc          lost+found   proc              test.txt
forlinx      media        root              tmp
root@freescale /$ 
```

图 5-45 上传后的文件

5.8.2 tftp 命令的使用

参数说明：-l 是 local 的缩写，后跟存在 Client 的源文件名，或下载 Client 后重命名的文件名。

-r 是 remote 的缩写，后跟 Server 即 PC tftp 服务器根目录中的源文件名，或上传 Server 后重命名后的文件名。

-g 是 get 的缩写，下载文件时用。

-p 是 put 的缩写，上传文件时用。

5.9 交叉编译工具链安装

在一种计算机环境中运行的编译程序能编译出在另外一种环境下运行的代码，一般就称这种编译器支持交叉编译，这个编译过程就叫作交叉编译。简单地说，就是在一个平台上生成另一个平台上的可执行代码，而这种工具就是交叉编译器。

为什么要交叉编译呢？因为目标平台上不允许或不能够安装人们所需要的编译器，有时是因为目标平台上的资源不够，例如内存，无法运行人们所需要的编译器；有时因为目标平台还没有建立，连操作系统都没有，根本无法运行编译器。例如在 PC 上使用 keilc 编译单片机程序生成 . hex 文件再烧写到单片机当中。

安装交叉编译工具的具体步骤如下。

apt-get install gcc-arm-Linux-gnueabihf

apt-get install g++-arm-Linux-gnueabihf

输入 arm-按两次 < Tab > 键可以看到名字 arm-Linux-gnueabihf-gcc 等许多交叉编译工具，输入 arm-Linux-gnueabihf-gcc-v 可以看到安装成功，如图 5-46 所示。

```
root@ubuntu: /home/gyzwl
COLLECT_GCC=arm-linux-gcc
COLLECT_LTO_WRAPPER=/usr/local/arm/gcc-4.6.2-glibc-2.13-linaro-multilib-2011.12/
fsl-linaro-toolchain/bin/../libexec/gcc/arm-fsl-linux-gnueabi/4.6.2/lto-wrapper
Target: arm-fsl-linux-gnueabi
Configured with: /work/build/.build/src/gcc-linaro-4.6-2011.06-0/configure --bui
ld=i686-build_pc-linux-gnu --host=i686-build_pc-linux-gnu --target=arm-fsl-linux
-gnueabi --prefix=/work/fsl-linaro-toolchain-2.13 --with-sysroot=/work/fsl-linar
o-toolchain-2.13/arm-fsl-linux-gnueabi/multi-libs --enable-languages=c,c++ --wit
h-pkgversion='Freescale MAD -- Linaro 2011.07 -- Built at 2011/08/10 09:20' --en
able-__cxa_atexit --disable-libmudflap --disable-libgomp --disable-libssp --with
-gmp=/work/build/.build/arm-fsl-linux-gnueabi/build/static --with-mpfr=/work/bui
ld/.build/arm-fsl-linux-gnueabi/build/static --with-mpc=/work/build/.build/arm-f
sl-linux-gnueabi/build/static --with-ppl=/work/build/.build/arm-fsl-linux-gnueab
i/build/static --with-cloog=/work/build/.build/arm-fsl-linux-gnueabi/build/stati
c --with-libelf=/work/build/.build/arm-fsl-linux-gnueabi/build/static --with-hos
t-libstdcxx='-static-libgcc -Wl,-Bstatic,-lstdc++,-Bdynamic -lm -L/work/build/.b
uild/arm-fsl-linux-gnueabi/build/static/lib -lpwl' --enable-threads=posix --enab
le-target-optspace --enable-plugin --enable-multilib --with-local-prefix=/work/f
sl-linaro-toolchain-2.13/arm-fsl-linux-gnueabi/multi-libs --disable-nls --enable
-c99 --enable-long-long --with-system-zlib
Thread model: posix
gcc version 4.6.2 20110630 (prerelease) (Freescale MAD -- Linaro 2011.07 -- Buil
t at 2011/08/10 09:20)
root@ubuntu:/home/gyzwl#
```

图 5-46 安装交叉编译工具完成

进入到安装目录/usr/local/arm/gcc-4. 6. 2-glibc-2. 13-linaro-multilib-2011. 12/fsl-linaro-toolchain/bin 可以看到安装的各种交叉编译工具，如图 5-47 所示。

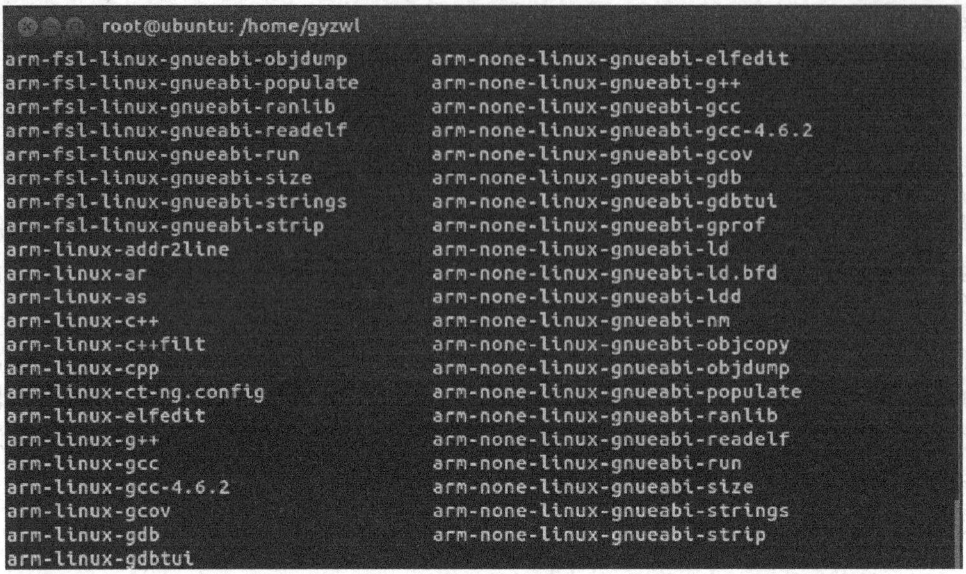

```
root@ubuntu: /home/gyzwl
arm-fsl-linux-gnueabi-objdump      arm-none-linux-gnueabi-elfedit
arm-fsl-linux-gnueabi-populate     arm-none-linux-gnueabi-g++
arm-fsl-linux-gnueabi-ranlib       arm-none-linux-gnueabi-gcc
arm-fsl-linux-gnueabi-readelf      arm-none-linux-gnueabi-gcc-4.6.2
arm-fsl-linux-gnueabi-run          arm-none-linux-gnueabi-gcov
arm-fsl-linux-gnueabi-size         arm-none-linux-gnueabi-gdb
arm-fsl-linux-gnueabi-strings      arm-none-linux-gnueabi-gdbtui
arm-fsl-linux-gnueabi-strip        arm-none-linux-gnueabi-gprof
arm-linux-addr2line                arm-none-linux-gnueabi-ld
arm-linux-ar                       arm-none-linux-gnueabi-ld.bfd
arm-linux-as                       arm-none-linux-gnueabi-ldd
arm-linux-c++                      arm-none-linux-gnueabi-nm
arm-linux-c++filt                  arm-none-linux-gnueabi-objcopy
arm-linux-cpp                      arm-none-linux-gnueabi-objdump
arm-linux-ct-ng.config             arm-none-linux-gnueabi-populate
arm-linux-elfedit                  arm-none-linux-gnueabi-ranlib
arm-linux-g++                      arm-none-linux-gnueabi-readelf
arm-linux-gcc                      arm-none-linux-gnueabi-run
arm-linux-gcc-4.6.2                arm-none-linux-gnueabi-size
arm-linux-gcov                     arm-none-linux-gnueabi-strings
arm-linux-gdb                      arm-none-linux-gnueabi-strip
arm-linux-gdbtui
```

图 5-47　各种交叉编译工具

5.10　BOA 服务器配置

BOA 服务器是一个小巧高效的 Web 服务器，是一个运行于 UNIX 或 Linux 下的，支持 CGI 的、适合于嵌入式系统单任务的 HTTP 服务器，源代码开放、性能高。

1）解压。

将下载的源码压缩包放到某目录下，然后执行：

```
tar-xvzf   boa-0.94.13.tar.tar
```

2）进入/boa-0.94.13/src 目录。

修改 compat.h 文件

```
#ifdef HAVE_TM_GMTOFF
#define TIMEZONE_OFFSET(foo) foo##-> tm_gmtoff
#else
#define TIMEZONE_OFFSET(foo) timezone
#endif
```

改为：

```
#ifdef HAVE_TM_GMTOFF
#define TIMEZONE_OFFSET(foo) foo-> tm_gmtoff
#else
#define TIMEZONE_OFFSET(foo) timezone
#endif
```

修改 defines.h 中的 #define SERVER_ ROOT "/etc/boa" 修改为和创建存放 boa 配置文

件一样的路径，这样 boa 程序启动时会在/etc/boa 目录下寻找 boa. conf 配置文件，并且将/boa 文件夹作为服务器的根目录。

3）执行：./configure 生成 makefile 文件。修改 Makefile 文件，找到 CC = gcc，将其改成 CC = arm-Linux-gcc，再找到 CPP = gcc-E，将其改成 CPP = arm-Linux-gcc-E（跑在开发板上做此修改，在 PC 上则不需要修改）。

4）再执行 make 得到的可执行程序为 boa。

如果 make 时遇到如下错误：

```
yacc  -d boa_grammar. y
make:yacc: Command not found
make: *** [y. tab. c] Error 127
```

解决方法：sudo apt-get install flex bison

重新 make，问题解决。

5）完成 BOA 的配置。

使其能够支持 CGI 程序的执行，复制/boa-0. 94. 13/boa. conf 到/etc/boa 目录下：

```
mkdir/etc/boa
cpboa. conf/etc/boa
```

6）进入/etc/boa 目录，打开 boa. conf 文件，并做如下修改：

- 修改 User nobody 为 User 0；表示 root 用户运行该程序。
- 修改 Group nogroup 为 Group 0。
- ErrorLog/boa/log/error_ log：错误日志放在该文件夹下。
- AccessLog/boa/log/access_ log：访问日志放在该文件夹下。
- DocumentRoot/boa/www：网页文件放在该目录下。
- DirectoryMaker/boa/boa_ indexer。
- ScriptAlias/cgi-bin//boa/cgi-bin：脚本放置目录。

7）根据配置创建相关目录。

在/boa/目录下创建以下目录：log　www　cgi-bin。

```
mkdir -p/boa/boa/www/boa/cgi-bin/boa/log
```

将 boa-0. 94. 13/src 目录下生成的 boa、boa_ indexer 二进制文件复制到/boa 下。

将 boa-0. 04. 13 目录下的 boa. conf 文件复制到/boa 下将/etc/mime. types 复制到/boa 目录下。

将 boa 复制到根目录下启动 Boa 服务器。

运行 ./boa &。

执行 ps-e 查看 boa 进程是否启动，如图 5-48 所示。

8）测试。

① 静态 HTML。在 vi 中输入如下 HTML 文件，命名为 index. html，并下载到目标板 www 文件夹下，将主机与目标机的 IP 设成同一网段，然后打开任一个浏览器（Linux 或 Window 下都可），输入目标板的 IP 地址（http://10. 10. 10. 2）即可打开/boa/www/index. html 网页。

```
1235 ?        00:00:00 tpvmlp
1254 tty4     00:00:00 getty
1261 tty5     00:00:00 getty
1264 ?        00:00:00 boa
1274 tty2     00:00:00 getty
1276 tty3     00:00:00 getty
1280 tty6     00:00:00 getty
1306 ?        00:00:00 xinetd
```

图 5-48　查看 boa 进程

```
<meta http-equiv = "Content-Type" content = "text/html; charset = gb2312" >
<form action = "/cgi-bin/mult. cgi" >
<P >input two number : </p >
<input name = "m" size = "5"/ >
<input name = "n" size = "5"/ > <br >
<input type = "submit" value = "ok"/ >
</form >
</html >
```

② CGI 脚本测试。下面是一个简单的 Hello，world！程序，在 vi 中输入命名为 helloworld. cgi 代码如下：

```
#include <stdio. h >
void main( ){
printf( "Content-type: text/html\n\n");
printf( " <html > \n");
printf( " <head > <title >CGI Output </title > </head > \n");
printf( " <body > \n");
printf( " <hl >Hello,world. </hl > \n");
printf( " <body > \n");
printf( " </html > \n");
exit(0);
}
```

在测试 CGI 脚本时，当在浏览器地址中输入“http//10. 10. 10. 2/cgi-bin/helloworld. cgi”时，浏览输出下述错误：

502 Bad Gateway

The CGI was not CGI/1. 1 compliant

原来是 helloworld. c 文件中的 printf（"Content-type: text/html\n\n"）；错写成了 printf（"Content-type: text/html\n"）；它是一个 MIME 头信息，告诉 Web 服务器随后的输出是以纯 ASCII 文本的形式。在这个头信息中有两个新行符，这是因为 Web 服务器需要在实际的文本信息开始之前先看见一个空行。

上述行通过标准输出将字符串 Content-type: text/html\n\n" 传送给 Web 服务器。

5.11 课后实训

1）配置 minicom，使之能够正常显示串口信息。

2）配置 NFS 服务，能够通过 NFS 挂载执行交叉编译 ARM 格式文件，并且将文件复制到开发板。

3）配置 TFTP 服务，能够通过 TFTP 将文件上传和下载。

4）正确安装交叉编译工具，编译一个简单的程序，通过 NFS 挂载执行和通过 TFTP 上传到开发板执行。

5）正确配置 BOA 服务器，并启动。

① 用 vi 编辑 html 文件 mult. html。

```
<meta http-equiv = "Content-Type" content = "text/html; charset = gb2312" >
<form action = "/cgi-bin/mult. cgi" >
<P > input two number : </p >
<input name = "m" size = "5"/ >
<input name = "n" size = "5"/ > <br >
<input type = "submit" value = "ok"/ >
</form >
</html >
```

保存后退出。

② 打开 ubuntu 自带的火狐浏览器，在地址栏输入 127. 0. 0. 1/mult. html 查看结果。

5.12 习题

1）交叉开发环境主要由哪些工具组成？

2）简述采用交叉编译的主要原因。

3）简述建立交叉编译工具链的方法。

4）简述 BOA 服务的配置过程。

5）简述超级终端、Minicom、NFS、TFTP 在嵌入式开发中的作用和优缺点。

6）简述环境变量的作用和几种配置方法。

第 6 章　嵌入式 Linux 开发初步

6.1　嵌入式开发编程语言 C++ 基础

6.1.1　为什么要学习 C++

在嵌入式产品研发的软件开发语言的使用上，C 语言仍然是嵌入式开发过程中最普遍使用的语言之一，市场份额大约占 70%，C 语言应该是嵌入式开发语言的首选。其中 C++ 所占比例为 10%，位居第三。C++ 主要是做 Linux 应用层或更往上的东西。Linux 系统及底层都是 C 语言写的，不过由于 MCU 的工作速率一直在不断提高，现在已经有很多人使用 C++ 和 C#编写底层驱动了，在涉及要求精度较高的地方，比如时钟频率、采样精度等，还需要使用汇编语言。

C++ 语言本身具有很多优势。

1）C++ 和 C 同样高效且可移植的多用途程序设计语言。

2）C++ 广泛地支持多种程序设计风格（程序化程序设计、资料抽象化、面向对象程序设计、泛型程序设计）。

3）C++ 设计无须复杂的程序设计环境。

4）C++ 语言灵活，运算符的数据结构丰富、具有结构化控制语句、程序执行效率高，而且同时具有高级语言与汇编语言的优点，与其他语言相比，可以直接访问物理地址，与汇编语言相比又具有良好的可读性和可移植性。

总的来说，C++ 语言的主要特点表现在两个方面，一是尽量兼容 C，二是支持面向对象的方法。它秉持了 C 的简洁、高效的接近汇编语言等特点，对 C 的类型系统进行了改革的扩充，因此 C++ 比 C 更安全，C++ 的编译系统能检查出更多的类型错误。

6.1.2　C++ 程序设计基础

1. 最简单的 C++ 程序

```
#include <iostream>        //包含头文件 iostream
using namespace std;       //使用命名空间 std
int main( )
{
cout << "hello C++  program. ";
return 0;
}
```

程序解释：

1）cout：输出流对象；<<插入运算符；

2）cin：输入流对象；>>提取运算符；

当遇到多个<<或>>时，从左往右依次进行，而非同时进行。

3）预处理命令（包含命令）。

两种写法：

① #include <头文件.h>

② #include <头文件>

using namespace std;

其中，1是C语言中的写法，2是标准C++（即ANSI C++）中的写法，其原因在于C语言中无"命名空间"的概念；即C中只能用1，而C++中可用1和2。

这类文件都放在程序单元的开头，所以称为"头文件"（head file）。

在程序进行编译时，先对所有的预处理命令进行处理，将头文件的具体内容代替#include命令行，然后再对该程序单元进行整体编译。

C++所有语句都以分号（;）结尾，而预处理命令不是语句，故末尾无分号。

2. 包含类的C++程序

```
#include  <iostream>                     //预处理命令
using namespace std;
class Student                           //声明一个类,类名为Student
{private:                               //以下为类中的私有部分
      int num;                          //私有变量num
      int score;                        //私有变量score
  public:                               //以下为类中的公用部分
      void setdata( )                   //定义公用函数setdata
         {cin >> num;                   //输入num的值
cin >> score;                           //输入score的值
}
      void display( )                   //定义公用函数display
         {cout << "num = " << num << endl;   //输出num
          cout << "score = " << score << endl; //输出score
         }
};                                      //类的声明结束
Student stud1,stud2;                    //在语法上等价于int a,b;定义stud1和
                                          stud2为Student类的变量,称为对象
int main( )                             //主函数
{

  stud1.setdata( );                     // 调用对象stud1的setdata函数
```

```
stud2. setdata( );                          // 调用对象 stud2 的 setdata 函数
stud1. display( );                          //调用对象 stud1 的 display 函数
stud2. display( );                          //调用对象 stud2 的 display 函数
return 0;
}
```

3. 面向对象机制之类和对象

类是所有面向对象的语言的共同特征，类将数据以及这些数据上的操作封装在一起。对象则是具有类类型的变量。类是对象的抽象，而对象是类的具体实例。类是抽象的，不占用内存，而对象是具体的，占用存储空间。C++ 中的类实际上就是由一组描述对象属性或状态的数据项和作用在这些数据项上的操作构成的封装体。类的定义由关键字 class 打头，关键字后跟类名，类名之后的括号内是类体，最后以“;”结束。

1）在 C++ 中，类是用户自定义的数据类型，称为类类型，和基本数据类型一样，都是 C++ 的数据类型。

2）在声明类类型后，用该类的类名（如上例中的 Student）去定义一个变量，则称这个变量为该类的一个对象（如上例中的 stud1，stud2），用类创建对象的过程称为实例化。

3）类与对象的关系等价于基本数据类型与变量的关系。

4）类中有两种成员：数据和函数，分别称为数据成员和成员函数。

5）成员访问限定符（member access specifier）：

6）共有三种：public（公用的）、protected（保护的）、private（私有的），通过它们可以限定类中各成员的访问属性。

私有的成员函数只能被本类中的其他成员函数所调用，而不能被类外调用。将需要被外界调用的成员函数指定为 public，它们是类的对外接口。如上面的 setdata( ) 函数和 display( ) 函数。

4. 类的定义

在 C++ 中，类是一种自定义数据类型，如同 C 语言中的结构体。定义一个类时，一般包括两部分：说明部分和实现部分。

1）类的说明部分：说明类中的成员，主要有数据成员的说明和函数成员的说明。成员函数是用来对数据成员进行操作的，也称为“方法”。类的说明就表明了这个类具有哪些功能。

2）类的实现部分：用于对成员函数进行实现，主要是描述对具体功能是如何实现的。类的成员函数可以放在类体内部，也可以放在外部。

```
class 类名
{
public:
公用的数据和成员函数
protected:
保护的数据和成员函数
private:
```

私有的数据

}

例：描述一个学生的类，该类有学生的姓名、学号、性别、身高、体重、出生日期、各科成绩。有计算学生平均成绩，查找学生不及格人数。

```
class student
{
public:
float aveScore( );  //平均成绩
int lower( );       //不及格人数
private:
string name,Num,sex;
struct birthday
{
int year,month,day;
};
float height,weight;
int maScore,engScore,chScore,PEScore;
};
```

5. 对象的创建

上面只是定义了一个类，即一种数据类型，它描述了一个共同属性和功能。面向对象的程序设计是由多个对象构成的，程序是通过对象之间发送消息，接收消息，产生响应来实现的。所以还需要创建对象，以及描述对象之间的交互。

创建一个对象的语法和定义一个基本数据类型非常相似，指定对象的类型和对象名即可。

语法：

类　名对象名；

下面就是几种定义对象的方法：

1）先声明类类型，然后再定义对象。

例：Student stud1，stud2；　//Student 是已经声明的类类型

2）在声明类类型的同时定义对象。

```
class Student
//声明类类型
{
……
}stud1,stud2;//定义了两个 Student 类的对象
```

在定义 Student 类的同时，定义了两个 Student 类的对象。

3）不出现类名，直接定义对象。

```
class              //无类名
{private :         //声明以下部分为私有的
……
public :           //声明以下部分为公用的
……
}stud1,stud2;      //定义了两个无类名的类对象
```

用 class 定义的类，如果不作 private 或 public 声明，系统将其成员默认为 private。

4）动态对象创建：通过 new 和 new[ ] 运算符从堆中申请对象空间。

用 new 创建单个对象语法：

类名 * 对象指针 = new 类名；

例：Student *stud1 = new Student；//从堆中动态创建一个 Student 类的对象

用 delete 释放单个对象的语法：

delete 对象指针

delete stud1；//撤销 stud1 所指向的对象

用 new[ ] 创建对象数组的语法：

类名 * 对象指针 = new 类名[对象个数]；

用 delete[ ] 对象指针：

例：Student *stud1 = new Student [5] //动态创建具有 5 个元素的 Student 数组，总共具有 5 * sizeof（Student）个字节。

delete[ ] stud1//撤销 stud1 所指向的对象

在堆里分配实际内存，所有内存初始化为 0 或 null，最后一定要释放内存。

6. 成员引用

1）对象名．成员名。

例如在程序中可以这样写：

stud1. num = 1001；//假设 num 已定义为公用的整型数据成员，如果已定义 num 为私有数据成员，则语句是错误的。

表示将整数 1001 赋给对象 stud1 中的数据成员 num。其中“．”是成员运算符，用于对成员进行限定，指明所访问的是哪一个对象中的成员。注意不能只写成员名而忽略对象名。

在类外不仅可以引用对象的公用数据成员，而且还可以调用对象的公用成员函数，但同样必须指出对象名，如：

stud1. display( )；//正确，调用对象 stud1 的公用成员函数，如果没有指明对象名，编译时把 display 作为普通函数处理。

在栈里分配内存，内存不初始化，不需要释放内存。

在类外只能调用公用的成员函数。在一个类中应当至少有一个公用的成员函数，作为对外的接口，否则就无法对对象进行任何操作。

2）通过指向对象的指针访问对象中的成员。

```
class Student
{
public ://数据成员是公用的
int   age ;
float height;
};Student t, * p;//定义对象 t 和指针变量 p
p = &t;//使 p 指向对象 t
cout << p-> age;//输出 p 指向的对象中的成员 age
```

当 p 指向 t 后，p-> age、（ * p）. age 和 t. age 三者等价。

3）通过对象的引用变量来访问对象中的成员。

如果为一个对象定义了一个引用变量，它们是共占同一段存储单元的，实际上它们是同一个对象，只是用不同的名字表示而已。

因此可以通过引用变量来访问对象中的成员。

如果已声明了 Student 类，并有以下定义语句：

```
Student t1;          //定义对象 t1
Student &t2 = t1; //定义 Student 类引用变量 t2,并使之初始化为 t1
cout << t2. age;    //输出对象 t1 中的成员 age
```

由于 t2 与 t1 共占同一段存储单元（即 t2 是 t1 的别名），因此 t2. age 就是 t1. age。

引用对象的成员时会受到成员访问控制的限制。在类外部访问对象成员时，只能访问到 public 描述的成员。public 修饰的成员就像是类对象和外部用户的接口。但是在内部它们之间是可以互相访问的。

例：用 vi 编辑器编辑 cpp 源文件。

```
#vi XiuShi. cpp 输入如下代码：
#include  < iostream >
using namespace std;
class xiushi
{
public:
int x;
void show( )
{
cout << x << ' ' << y << ' ' << z;
}
private:
```

```
int y;
void sum()
{int sum;
sum = x + y + z;
return sum;
}
protected:
int z;
void setxyz(int a,int b,int c)
{
x = a;
y = b;
z = c;
}
};
int main()
{
xiushi xs;
xs. x = 100;                    //正确,因为 x 为 public
xs. setxyz(100,200,300);        //错误因为 setxyz 是 protected,在类外部不能访问
xs. show();                     //正确,因为 show()为 public
xs. y = 200;                    //错误因为 y 是 private 成员,在类外部不能访问
cout << sum;                    //错误因为 sum 是局部变量
}
```

编译运行显示图 6-1 所示的错误提示。

```
root@ubuntu:/home/gyzwl/C++# g++ -o XiuShi XiuShi.cpp
XiuShi.cpp: 在成员函数‘void xiushi::sum()’中:
XiuShi.cpp:16:8: 错误: 在返回‘void’的函数中，返回语句带返回值 [-fpermissive]
XiuShi.cpp: 在函数‘int main()’中:
XiuShi.cpp:20:6: 错误 ‘void xiushi::setxyz(int, int, int)’是保护的
XiuShi.cpp:31:22: 错误: 在此上下文中
XiuShi.cpp:12:5: 错误: ‘int xiushi::y’是私有的
XiuShi.cpp:33:4: 错误: 在此上下文中
XiuShi.cpp:34:7: 错误: ‘sum’在此作用域中尚未声明
root@ubuntu:/home/gyzwl/C++#
```

图 6-1　修饰符不同提示错误信息

7. 类的继承（inheritance）与派生（derived）

继承即在一个已有类的基础上建立一个新类，这个新类保留原有类的所有特征，并加以增加和补充。原有的类称为基类（base class），在此基础上建立的新类称为派生类（derived class）。

声明方式：class 派生类名：继承方式　基类名

如已有类student，欲派生student1类，可这样声明：class student1：public student

继承方式有：公有继承（public）、私有继承（private）、保护继承（protected）。

（1）公有继承（public）

采用公有继承时，基类的公有成员、私有成员、保护成员保持其属性不变，即基类的公有成员和保护成员可以被其派生类的成员函数访问调用，但基类的私有数据仍然为基类所私有，只能被基类的成员函数所引用，不能被派生类所引用。受保护成员不能在类外被引用，但可被派生类引用，见表6-1。

表6-1　类的继承方式

公用基类的成员	在公用派生类中的访问属性
公有成员 public	公用
私有成员 private	不可以访问
保护成员 protected	类外不可以，类中可以访问

例：

```
#include <iostream>
#include <string>
using namespace std;
class student
{
  public:
    student(){num=0;name="zwl";sex='F';} //构造函数初始化
    void set();
    void show();
  private:
    int num;
    string name;
    char sex;
};
class student1:public student                 //声明基类为 student,继承方式为公
                                                有继承
{
  public:
    student1(){age=0;add="siChuan";}          //构造函数初始化
    void set1();
    void show1();
  private:
    int age;
    string add;
```

```
};

void student::set()
{
  cout << "please input num name sex:";
  cin >> num >> name >> sex;
}

void student::show()
{
  cout << num << "    " << name << "    " << sex << endl;
}

void student1::set1()
{
  cout << "please input age address:";
  cin >> age >> add;
}

void student1::show1()
{
  cout << age << "    " << add << endl;
}

int main()
{
   student1 s;        //定义 student1 类对象
   s.set();           //在类外调用公有基类的公有成员函数
   s.set1();          //在类外调用公有派生类的公有成员
   s.num = 1002;      //错误,公有基类的私有成员不可访问
   s.show();
   s.show1();
   return 0;
}
```

（2）私有继承（private）

采用私有继承时，私有基类的公有成员和保护成员对于派生类来说，相当于派生类的私有成员，即派生类的成员函数可以访问引用，而在派生类外则不能访问。私有基类的私有成员对于派生类来说是不可访问的，见表6-2。

表 6-2　派生类的访问属性

私有基类的成员	在私有派生类中的访问属性
Public	私有，只可类中访问，类外不可
private	不可访问
protected	私有，在类外不可访问，在类中可以访问

例：

```
#include <iostream>
#include <string>
using namespace std;
class student
{
  public:
    student(){num=0;name="zwl";sex='F';}//构造函数初始化
    void set();
    void show();
  private:
    int num;
    string name;
    char sex;
};

class student1:private student   //声明基类为 student,继承方式为私有继承
{
  public:
     student1(){age=0;add="siChuan";}
     void set1();
     void show1();
  private:
     int age;
     string add;
};

void student::set()
{
  cout << "please input num name sex:";
  cin >> num >> name >> sex;
```

```
}

void student::show()
{
  cout << num << "    " << name << "    " << sex << endl;
}

void student1::set1()
{
  set();      //在私有派生类中引用私有基类中的公有成员
  cout << "please input age address:";
  cin >> age >> add;
}

void student1::show1()
{
  show();  //在私有派生类中引用私有基类中的公有成员
  cout << age << "    " << add << endl;
}

int main()
{
  student1 s;
  s.set();  //错误,私有基类的公有成员和保护成员在派生类中相当于私有成员,只能
            被成员函数在内部访问引用,不能在类外访问
  s.set1();
  s.show1();
  return 0;
}
```

(3) 保护继承 (protected)

所谓保护，即在类中可以访问，在类外不可访问。如果希望成员能被其派生类访问，应当将其声明为保护成员 protected。

对于类来说，保护成员等价于私有成员，只能被同类的成员函数访问，在类外不可访问。对于派生类来说，派生类在类中是可以访问其基类中的保护成员的，这一点与私有成员相区别，基类的私有成员在其派生类中是不可访问的。

如果将继承方式声明为 protected，则整个基类（包括其公用成员、保护成员及私有成员）在其派生类中都是受保护的，即保护基类的公有成员和保护成员可以被派生类的成员函数访问，在类外不可访问。

保护继承的特点是：保护基类的公有成员和保护成员在派生类中都成了保护成员，私有成员仍为基类的私有，派生类及类外不可访问。也就是将基类的公有成员也保护了起来，不让类外任意访问。

例：

```
#include <iostream>
#include <string>
using namespace std;
class student
{
  public:
    void set();
    void show();
  protected:        //将基类成员声明为保护成员,这样在其派生类内可以访问,但派生
                     类外不可访问
    int num;
    string name;
    char sex;
};

void student::set()  //保护基类的公有成员函数,可被其派生类在类内调用,类外不可访问
{
   cout << "Input student's num,name and sex;" << endl;
   cin >> num >> name >> sex;
}

void student::show()  //保护基类的公有成员函数,可被其派生类在类内调用,类外不可
                        访问
{
   cout << num << " " << name << " " << sex << endl;
}

class student1:protected student   //声明保护继承方式
{
   public:
     void set1();
     void show1();
   private:
     int age;
```

```
    string add;
};

void student1::set1()
{
    cout << "Set the students's info -->" << endl;
    cout << "num:";cin >> num;//在类内引用其基类的保护成员,合法。
    cout << "name:";cin >> name;
    cout << "sex:";cin >> sex;
    cout << "age:";cin >> age;
    cout << "address:";cin >> add;
}

void student1::show1()
{   cout << "===========================================" << endl;
    cout << "num:" << num << endl;
    cout << "name:" << name << endl;
    cout << "sex:" << sex << endl;
    cout << "age:" << age << endl;
    cout << "address:" << add << endl;
}

int main()
{
    student1 s;
    s.num = 10002;  //在类外引用保护基类的保护成员,错误!
    s.set();        //在类外调用保护基类的公有成员函数,不合法!
    s.set1();
    s.show1();
    return 0;
}
```

在类外定义函数时，应指明函数的作用域（如 void student:: set()）。在成员函数引用本对象的数据成员时，只需直接写数据成员名，这时 C++ 系统会把它默认为本对象的数据成员。也可以显式地写出类名并使用域运算符。应注意区分什么场合用域运算符“::”，什么场合用成员运算符“.”，不要搞混。

8. 构造函数与析构函数

在建立一个对象时，常常需要做些初始化的工作，例如对数据成员赋初值。如果一个数据成员未被赋初值，则它的值是不可预知的，而类的数据成员是不能在声明类时初始化的，因为类并不是一个实体，而是一种抽象类型，并不占用存储空间，无处容纳数据。

所以为了解决这个问题，C++ 提供了构造函数来处理对象的初始化。构造函数是一种特殊的成员函数，它不需要用户来调用它，在类对象进入其作用域时由系统自动调用。

为何要使用构造函数？这是因为如果我们通过对数据成员进行直接赋值，但由于一些数据成员是私有隐藏的，直接赋值是错误的，如果把数据成员设成 public，但这样不符合面向对象的封装和隐藏的思想。另一种方式是提供一个初始化函数，在创建对象后，程序员在程序中显示调用该初始化函数对数据成员进行初始化。

例：

```
class area
{
public:
void setxy(int x,int y)
{
length = x;
width = y;
}
private:
int length,width;
};
int main()
{
area mj;
mj. setxy(12,18);
}
```

但是使用成员函数初始化对象有一些缺点。

1）使用不方便，创建对象后必须调用该函数，否则对象的值不完整，造成不可预料的后果。

2）无法解决对常量成员和引用类型成员的初始化。例如：在 vi 中输入如下代码命名为 couwll. cpp：

```
#include <iostream>
class area
{
public:
void set(int x,int y)
{
width = x;
rf = y;
```

```
}}
private:
const int width;
int &rf;
};
int main()
{
area s;
int h = 17;
s.set(100,h);
}
```

编译运行提示图 6-2 所示的错误。

```
root@ubuntu:/home/gyzwl/C++# g++ -o cuowu cuowu.cpp
cuowu.cpp: 在成员函数'void area::set(int, int)'中:
cuowu.cpp:7:7: 错误: 向只读成员'area::width'赋值
cuowu.cpp: 在函数'int main()'中:
cuowu.cpp:16:6: 错误: uninitialized const member in 'class area' [-fpe
cuowu.cpp:11:11: 附注: 'area::width'应当被赋值
cuowu.cpp:16:6: 错误: 'class area'中有未初始化的引用成员
cuowu.cpp:12:6: 附注: 'area::rf'应当被赋值
```

图 6-2 初始化提示错误信息

这是因为常量在定义时必须进行初始化，引用变量要在定义时指定其引用的变量，但是 C++ 语法中不允许在类的说明中给数据成员设置值。例如：

```
int pi = 3.14;
class area
{……
private:
const int width = 10;//错误
int &rf = pi;//错误
};
```

构造函数要注意几点。

1）构造函数的名字必须与类的名字一样，为了编译系统能识别它。

2）它不具有任何类型，不返回任何值。

3）它的功能由用户定义，用户根据初始化的要求设计函数体和函数参数。

4）在构造函数的函数体中，不仅可以对数据成员赋初值，而且可以包含其他语句。

5）如果用户没有定义构造函数，C++ 系统会自动生成一个构造函数，只是这个构造函数的函数体是空的，没有参数，不执行初始化操作。但一旦用户写了一个构造函数，系统将不在提供默认构造函数。

6）类对象的定义和变量的定义类似，使用默认构造函数创建对象的时候，如果创建的是静态或者是全局对象，则对象的位模式全部为 0，否则将会是随机的。

析构函数的定义：析构函数也是特殊的类成员函数，它没有返回类型，没有参数，不能随意调用，也没有重载，只有在类对象的生命期结束的时候，由系统自动调用。

析构函数与构造函数最主要的不同就是在于调用期不同，构造函数可以有参数可以重载！析构函数的特性是在程序结束的时候逐一调用，那么正好与构造函数的情况是相反的，属于互逆特性，所以定义析构函数因使用"~"符号（逻辑非运算符），表示它为逆构造函数，加上类名称来定义。

例：在 vi 中输入如下代码：

```
#include <iostream>
#include <string>
using namespace std;
class Father
{
public:
        Father(){cout << "构造基类对象\n";}
        ~Father(){cout << "析构基类对象\n";}
        void print(){cout << name << "身高为:" << tall << "cm\n";}
protected:
        string name;
        int tall;
};
class Son:public Father
{
public:
        Son(string a,int i,int j){name = a;tall = i;weight = j;cout << "构造子类对象\n";}
        ~Son(){cout << "析构子类对象\n";}
        void print1(){print();cout << "体重为:" << weight << "\n";}
protected:
        int weight;
};
int main()
{
        Son Mike("Mike",180,80);
        Mike.print1();
        cout << "\n 程序结束\n";
        return 0;
}
```

编译运行得到图 6-3 所示结果。

```
root@ubuntu:/home/gyzwl/C++# vi con3.cpp
root@ubuntu:/home/gyzwl/C++# g++ -o con3 con3.cpp
root@ubuntu:/home/gyzwl/C++# ./con3
构造基类对象
构造子类对象
Mike身高为: 180cm
体重为:80

程序结束
析构子类对象
析构基类对象
```

图 6-3 基类和子类析构函数调用

9. 在构造函数中对各数据成员赋初值

(1) 使用赋值语句

语法：类名( ) {数据成员赋值}

```
class Student
{
public:
    Student( )//无参数构造函数
    {
        number = 1;
        score = 100;//数据成员赋初值
    }
};
```

在类中定义和类名相同，并且没有任何返回类型的 Student( ) 就是构造函数，这是一个无参数的构造函数，它在对象创建的时候自动调用，如果去掉 Student( ) 函数体内的代码那么它和 C++ 的默认提供的构造函数等价的。

(2) 使用初始化表

通过成员初始化列表来对对象的各种成员进行初始化，在构造函数后面紧跟着冒号加初始化列表，各初始化变量之间以逗号（,）隔开。其语法为：

类名（构造函数形参列表）：成员名（初始化参数列表），成员名（初始化参数列表）……

初始化列表的作用相当于在构造函数内进行相应成员变量的赋值，但两者是有差别的。在初始化列表中是对变量进行初始化，而在构造函数内是进行赋值操作。两者的差别在对于像 const 类型数据的操作上表现得尤为明显。const 类型的变量必须在定义时进行初始化，而不能对 const 型的变量进行赋值，因此 const 类型的成员变量只能（而且必须）在初始化列表中进行初始化。

在初始化列表中进行初始化时，初始化的顺序应与声明的顺序保持一致，防止出现不必要的错误，如图 6-4 所示。

```
root@ubuntu:/home/gyzwl/C++# vi con1.cpp
root@ubuntu:/home/gyzwl/C++# g++ -o con1 con1.cpp
root@ubuntu:/home/gyzwl/C++# ls
con1      cuowu.cpp  sjx.c    student.c  teacher.c
con1.cpp  sjx        student  teacher    XiuShi.cpp
root@ubuntu:/home/gyzwl/C++# ./con1
Constructor executed
Constructor executed
wind_speed=5
wind_speed=20
```

图 6-4　构造函数初始化列表

例：在 vi 中输入如下代码命名为 con1. cpp：

```
#include <iostream>
using namespace std;
class Weather_station
{
public:
    Weather_station(int);//构造函数具有参数类型和数据成员 wind_speed 的类型匹配。
    void print_wind_speed();
private:
    int wind_speed;
};
Weather_station::Weather_station(int wind_speed_var)
                    :wind_speed(wind_speed_var)//冒号后接一个数据成员和括号内的
//变量,用于使用传递给参数列表的值初始化数据成员;wind_speed(wind_speed_var)叫初始
//化列表。
{
    cout << "Constructor executed" << endl;
}
void Weather_station::print_wind_speed()
{
    cout << "wind_speed = " << wind_speed << endl;
}
int main()
{
    Weather_station station1(5),station2(20);//这些值被传递给 wind_speed_var,然后被
//赋值给 wind_speed。
    station1.print_wind_speed();
    station2.print_wind_speed();
    return 0;
}
```

10. this 指针

1）this 指针是一个隐含的指针，它是指向对象本身，代表了对象的地址。

2）一个类所有的对象调用的成员函数都是同一代码段。那么成员函数又是怎么识别属于同一对象的数据成员呢？原来，在对象调用时，成员函数除了接受实参外，还接收了一个对象 s 的地址。这个地址被一个隐含的形参 this 指针所获取，它等同于执行 this = &pt。所有对数据成员的访问都隐含地被加上前缀 this-> 。例如：x = 0；等价于 this-> x = 0。

11. 类的声明与类定义的分离

在面向对象的程序开发中，一般的做法是将类的声明（其中包含成员函数的声明）放在指定的头文件中，用户如果想用该类，只要把有关的头文件包含进来即可，不必在程序中重复书写类的声明，以减少工作量，节省篇幅，提高编程的效率。即分成头文件和实现的源文件，来实现代码的分离，然后源文件中包含类的头文件。

由于在头文件中包含了类的声明，因此在程序中就可以用该类来定义对象。由于在类体中包含了对成员函数的声明，在程序中就可以调用这些对象的公用成员函数。为了实现信息隐蔽，对类成员函数的定义一般不放在头文件中，而另外放在一个文件中。

类对应的实现文件 cpp、main 主函数文件，都要包含类的头文件，因为要“单独”编译；main 函数、其他文件要使用这个类的时候，都只需要包含该类的头文件就可以了。编译时，就是引用该类的成员和方法，而这些成员和方法已经在头文件中声明（或定义了）；具体的实现代码，在链接的时候，是由 linker 自动寻找该类对应的源文件 cpp。

```
/* person.h 这是头文件,在此文件中进行类的声明 */
#ifndef _PERSON_H
#define _PERSON_H

#include <iostream>
#include <cstring>
using namespace std;

class Person{
private:
        char name[30];
        unsigned int age;
        char addr[100];
        float salary;
public:
void setName(char *str){
strcpy(name,str);
}
void setAge(unsigned int age_in){
age = age_in;
```

```
}
void setAddr(char *str){
strcpy(addr,str);
}
void setSalary(float salary_in){
salary = salary_in;
}
void disp();
};
#endif

/* person.cpp */
#include"person.h"
void Person::disp()
{
cout << "name = " << name << endl;
cout << "age = " << age << endl;
cout << "addr = " << addr << endl;
cout << "salary = " << salary << endl;
}

/* main.cpp */
#include"person.h"
int main()
{
Person person;
person.setName("Jack");
person.setAge(23);
person.setAddr("SiChuan China");
person.setSalary(5000.0);
person.disp();
return 0;
}
```

包括3个文件的程序，组成两个文件模块：一个是主模块 main.cpp，另一个是person.cpp。在主模块中又包含头文件 person.h。在预编译时会将头文件 person.h 中的内容取代#include "person.h" 行。

使用 g++ -o person person.cpp main.cpp 编译。执行生成的 person 程序，如图 6-5 所示。

```
root@ubuntu:/home/gyzwl/3_files# ./person
name=Jack
age=23
addr=SiChuan China
salary=5000
```

图 6-5　编译运行结果显示

注意：由于将头文件 student.h 放在用户当前目录中，因此在文件名两侧用双撇号包起来而不用尖括号，否则编译时会找不到此文件。

6.2　Linux CGI 编程

6.2.1　CGI 概述

在 HTML 中，当客户填写了表单，并按下了发送（submit）按钮后，表单的内容被发送到了服务器端，在一般的情况下，这时就需要有一个服务器端脚本来对表单的内容进行一些处理，或者是把它们保存起来，或者是按内容进行一些查询等。

简单来说，CGI 是用于沟通 HTML 表单和服务器端程序的接口（interface）。也就是说 CGI 并不是一种语言，而是可以被其他语言所应用的一个规范集。可以用任何的程序语言来编写 CGI 程序，只要在编程的时候符合 CGI 规范所定义的一些标准就可以了。

由于 C 语言的平台无关性，用 C 语言编写的 CGI 程序具有执行速度快、安全性高（因为 C 语言程序是编译执行且不可被修改）等特点。而且对大多数程序员都很熟悉，因此 C 是 CGI 编程的首选语言之一。这里介绍的就是如何使用 C 来编写 CGI 程序。

6.2.2　CGI 方法

CGI 方法是指调用 CGI 程序的途径，也就是如何向服务器提出请求，在该请求中定义了程序如何接收用户的数据。CGI 方法主要有三种，常用的有两种。

1. GET 方法

- CGI 程序从环境变量 QUERY_ STRING 中获取数据。
- GET 方法把用户表格中的数据加到 URL 的末尾，再传送到服务器。
- GET 方法采用特殊的编码方法防止用户数据中的特殊字符导致 CGI 出错。
- 由于 URL 的长度限制为 1024，所以不能用于大量用户数据传递。
- 使用 GET 方法时，可以在地址栏中看到 URL 后的用户数据。

2. POST 方法

- Web 服务器通过 stdin（标准输入），向 CGI 程序传输数据。
- POST 方法利用 CONTENT_ LENGTH 值确定用户的数据长度。
- 在用户数据较大时采用 POST。
- 使用 POST，用户不显示在 URL 后。

3. HEAD 方法

- 与 GET 方法类似，但是从 Web 服务器传递给服务器的仅仅是 HTTP 的头信息。

6.2.3 CGI 接口标准

CGI 接口标准包括标准输入、环境变量、标准输出三部分。

1. 标准输入

CGI 程序像其他可执行程序一样，可通过标准输入（stdin）从 Web 服务器得到输入信息，如 Form 中的数据，这就是所谓的向 CGI 程序传递数据的 POST 方法。也就是可以在操作系统命令行状态可执行 CGI 程序，对 CGI 程序进行调试，如图 6-6 所示。

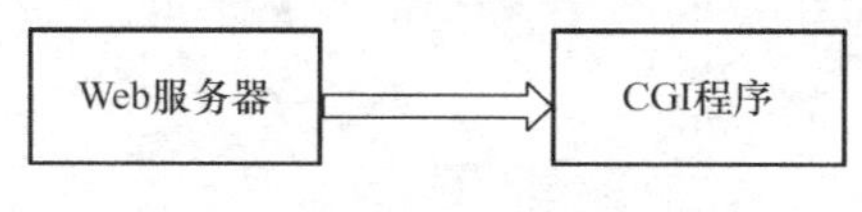

图 6-6　Web 和 CGI 的关系

2. 环境变量

操作系统提供了许多环境变量，应用程序可以存取它们。Web 服务器和 CGI 接口又另外设置了自己的一些环境变量，用于向 CGI 程序传递一些重要的参数。CGI 的 GET 方法就是通过环境变量 QUERY-STRING 向 CGI 程序传递 Form 中的数据。

常常要用到的一些环境变量。

- HTTP-REFERER：调用该 CGI 程序的网页的 URL。
- REMOTE-HOST：调用该 CGI 程序的 Web 浏览器的机器名和域名。
- REQUEST-METHOD：指的是当 Web 服务器传递数据给 CGI 程序时所采用的方法，分为 GET 和 POST 两种方法。GET 方法仅通过环境变量（如 QUERY-STRING）传递数据给 CGI 程序，而 POST 方法通过环境变量和标准输入传递数据给 CGI 程序，因此 POST 方法可较方便地传递较多的数据给 CGI 程序。
- SCRIPT-NAME：该 CGI 程序的名称。
- QUERY-STRING：当使用 POST 方法时，Form 中的数据最后放在 QUERY-STRING 中，传递给 CGI 程序。
- CONTENT-TYPE：传递给 CGI 程序数据的 MIME 类型，它是从 HTML Form 中以 POST 方法传递数据给 CGI 程序的数据编码类型，称为 URL 编码类型。
- CONTENT-LENGTH：传递给 CGI 程序的数据字符数（字节数）。

在 C 语言程序中，要访向环境变量，可使用 getenv( ) 库函数。例如：

```
if ( getenv ( "CONTENT-LENGTH" ) )
n = atoi( getenv ( "CONTENT-LENGTH" ) ) ;
```

程序中最好调用两次 getenv( )：第一次检查是否存在该环境变量，第二次再使用该环境变量。这是因为函数 getenv( ) 在给定的环境变量名不存在时，返回一个 NULL（空）指针，如果不首先检查而直接引用它，当该环境变量不存在时会引起 CGI 程序崩溃。

3. 标准输出

CGI 程序通过标准输出（stdout）将输出信息传送给 Web 服务器。传送给 Web 服务器的信息可以用各种格式，通常是以纯文本或者 HTML 文本的形式，这样就可以在命令行状态调试 CGI 程序，并且得到它们的输出，如图 6-7 所示。

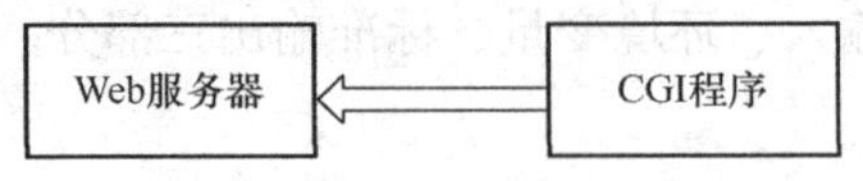

图 6-7 Web 和 CGI 的关系

例：通过客户端单击超级链接，服务端响应并执行 CGI 程序。

1）index. html，放在/boa/www 目录下。

```
<html>
<body>
<h3>this is a test!  </h3> <br/>
<img src = "image. jpg"/>
<h3>tree picture </h3> <br/>
<a href = "/cgi-bin/test. cgi">to cgi page </a>//设置超级链接地址
</body>
</html>
```

2）test. c，使用 gcc -o test. cgi test. c 编译后得到的 test. cgi 放在/boa/cgi-bin 目录下。

```
include <stdio. h>
int main()
{
printf("Content-type:text/html\n\n");
printf(" <html> <body>");
printf(" <font style = \"color:red; font-size:30px;\">Hello, CGI!  </font> <br/>");
printf(" <ahref = \"/index. html\">return index. html </a>");//返回的超级链接,\"是
显示双引号的转义格式写法
printf(" </body> </html>");
return 0;
}
printf("Content-type:text/html\n\n");
```

此行通过标准输出将字符串"Content type :text/html\n\n"传送给 Web 服务器。它是一个 MIME 头信息，它告诉 Web 服务器随后的输出是以 html 的形式。请注意在这个头信息中有两个新行符，这是因为 Web 服务器需要在实际的文本信息开始之前先看见一个空行。

进入/boa 目录，使用./boa 来运行 boa 服务器（当然也可将/boa 路径加入系统 PATH 环境变量，这样不用进入/boa 目录，直接输入 boa 就可以了）。在浏览器中输入 http://127. 0. 0. 1/便可访问到默认的页面 index. html，单击 index. html 页面中的超链接便可访问到 cgi 测试页面，单击 test. cgi 中的超链接又可返回 index. html 页面。

打开 ubuntu 自带的浏览器输入 127. 0. 0. 1 浏览网页效果如图 6-8 所示。

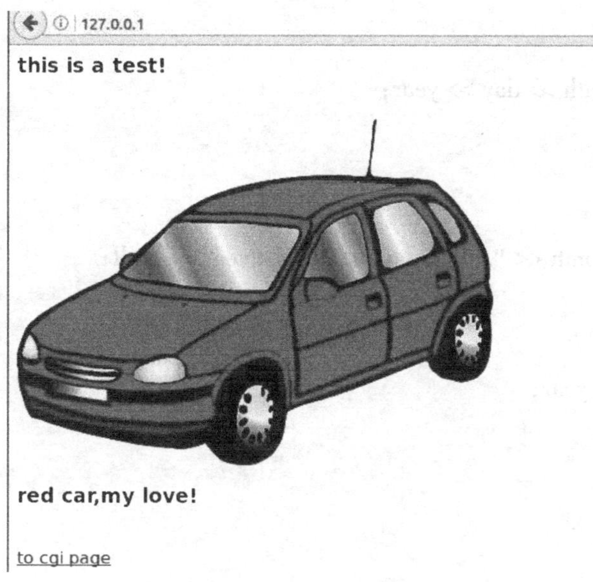

图 6-8　Web 服务器显示结果

单击超级链接“to cgi page”进入 cgi 页面，如图 6-9 所示。

图 6-9　调用 CGI 程序显示结果

6.3　课后实训

C++ 编译运行练习。

声明一个教授类（professor）和一个教师类（teacher），教授类是教师类的派生类，另外声明一个类 birthday 包含 month、day、year 数据成员，要求在程序中使用继承与组合，在定义 professor 类对象时给定全部初值，并输出，然后修改对象的生日，再输出。

```
#include <iostream>
#include <string>
using namespace std;
class birthday
{
  public:
    birthday(int m=0,int d=0,int y=0):month(m),day(d),year(y){}
```

```
    void set( )
        {
            cin >> month >> day >> year;
        }
    void show( )
        {
            cout << month << "/" << day << "/" << year << endl;
        }
  protected:
    int month,day,year;
};

class teacher
{
  public:
     teacher(string n,char s,int a):name(n),sex(s),age(a){}
  protected:
    string name;
    char sex;
    int age;
};

class professor:public teacher
{
  public:
    professor(string n,char s,int a,birthday b):teacher(n,s,a),bir(b){}    //构造函数
    void change_birthday( )
        {
            cout << "Please input the new date(month day year):" << endl;
            bir. set( );
        }
    void show( )
        {
            cout << "name        sex    age    birthday" << endl;
            cout << name << "      " << sex << "      " << age << "      ";
            bir. show( );
        }
  private:
```

```
    birthday bir;
};

int main()
{
  professor pr("LiuXiaoMing",'F',35,birthday(10,20,1982));   //对象初始化
  pr.show();
  pr.change_birthday();
  pr.show();
    return 0;
}
```

使用 vi 编辑器编辑文件 teacher.c，保存。编译并运行得到结果，如图 6-10 所示。

```
root@ubuntu:/home/gyzwl/C++# vi teacher.c
root@ubuntu:/home/gyzwl/C++# g++ -o teacher teacher.c
root@ubuntu:/home/gyzwl/C++# ls
teacher  teacher.c
root@ubuntu:/home/gyzwl/C++# ./teacher
name      sex  age  birthday
LiuXiaoMing   F   35   10/20/1982
Please input the new date(month day year):
12 25 1988
name      sex  age  birthday
LiuXiaoMing   F   35   12/25/1988
root@ubuntu:/home/gyzwl/C++#
```

图 6-10　编译运行 C++ 程序显示

6.4　习题

1）解释类声明和类定义之间的差异，何时使用类声明，何时使用类定义？

2）使用构造函数初始化列表编写类的默认构造函数，该类包含如下成员：一个 const string、一个 int、一个 float *。初始化 string 来保存类的名字。

3）判断正误并说明为什么。

① 类必须提供至少一个构造函数。

② 默认构造函数的形参列表中没有形参。

③ 如果一个类没有有意义的默认值，则该类不应该提供默认构造函数。

④ 如果一个类没有定义默认构造函数，则编译器会自动生成一个，同时将每个数据成员初始化为相关类型的默认值。

4）简述 CGI 程序和 Web 服务程序的关系。

第7章 基于Qt的嵌入式图形用户界面程序开发

7.1 Qt简介

7.1.1 Qt特点

Qt是由挪威TrollTech（奇趣）公司开发的跨平台的C++图形用户界面开发工具，2008年6月，NOKIA获得了Qt的开发权，继续对Qt平台进行完成开发。

Qt具有下列一些优点。

1）优良的跨平台特性。Qt支持的操作系统有Microsoft Windows、Linux、Solaris、HP-UX、Irix、FreeBSD、SCO、AIX和QNX等。

2）面向对象。Qt的良好封装机制使得Qt的模块化程度非常高，可重用性较好，对于用户开发来说是非常方便的。Qt提供了一种称为signals/slots的安全类型来替代回调机制，这使得各个元器件之间的协同工作变得十分简单。

3）丰富的API。Qt包括多达250个以上的C++类，还提供基于模板的collections、serialization、file、I/O device、directory management和date/time类。甚至还包括正则表达式的处理功能。

4）支持2D/3D图形渲染，支持OpenGL。

5）大量的开发文档。

6）XML支持。

7.1.2 Qt Designer与Qmake

Qt Designer是Qt程序的可视化开发工具。

Qt Designer可以方便地完成Qt工程的建立和管理，Qt窗体程序的界面设计，Qt程序的调试等完整的Qt应用开发流程。

qmake是Trolltech公司创建的用于为不同的平台和编译器书写Makefile的工具。

手写Makefile是比较困难并且容易出错的，尤其是需要给不同的平台和编译器分别写几个Makefile。使用qmake可以把开发者解放出来只关心他们的代码。qmake使用储存在项目（.pro）文件中的信息来决定Makefile文件中该生成什么。

qmake可以根据实际文件自动生成相对应makefile文件，命令格式：

qmake [options] files

qmake编译Qt次序：

首先使用qmake-project选项命令，根据当前源代码生成后缀名为pro的工程文件。

其次再一次调用 qmake 命令或者执行。

qmake -o Makefile helloworld. pro 自动生成 Makefile 文件，如图 7-1 所示。

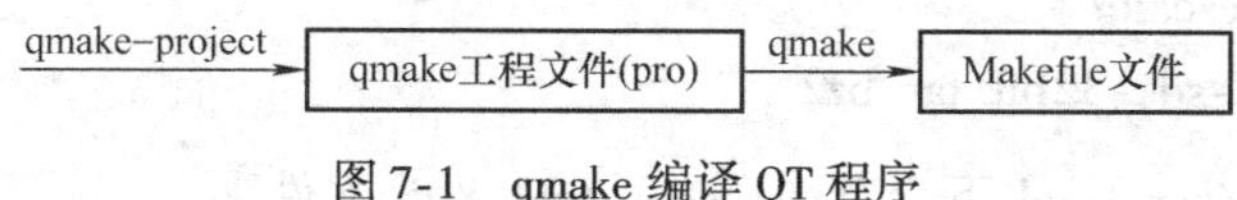

图 7-1 qmake 编译 QT 程序

7.1.3 Qt Creator 与 Qt Designer

Qt Creator 是一个 IDE，即集成开发环境，Qt Creator 里集成了 Qt Designer、Editor、Assistant、Debuger。因此，里面有代码编写器、编译器、调试器，还有图形设计器 QtDesigner，有了它用户可以写软件。而 Qt Designer 是用于设计界面的，只能设计图形，是一个图形设计器。

7.1.4 安装 Qt Creator 2. 6. 2

本节介绍 Qt Creator 的安装及使用飞凌移植好的 Qt 的 SDK 来搭建 Qt 应用程序开发环境的方法。

- Ubuntu 环境：Ubuntu12. 04 32bit
- 应用程序开发工具：Qt Creator2. 6. 2 32bit
- Qtsdk 版本：qt4. 8. 5 32bit
- 交叉编译工具版本：gcc 4. 6. 2
- Tslib 版本：tslib 1. 4
- 目标平台：i. MX6 开发板

安装需要的文件及在光盘资料中的路径。

1）交叉编译器：用户资料 \ Tools \ gcc-4. 6. 2-glibc-2. 13-linaro-multilib-2011. 12. tar. gz。

2）Qtsdk 文件：光盘资料 \ Linux \ src \ filesystem \ qt4. 8. 5-sdk-32bit. tar. bz2。

3）Tslib 文件：用户资料 \ Tools \ src \ filesystem \ qt4. 8. 5 \ tslib-sdk. tar. bz2。

4）Qt Creator 安装包：用户资料 \ Tools \ qt-creator-linux-x86-opensource-2. 6. 2. bin。

Ubuntu 的 Terminal 终端，输入以下命令：mkdirfeiLingFiles 建立存放文件的目录，然后通过共享文件把所有需要的文件复制到 feiLingFiles 文件夹下。

1. 安装交叉编译器

执行以下命令：

```
#cd/feiLingFiles/
#cp gcc-4. 6. 2-glibc-2. 13-linaro-multilib-2011. 12. tar. gz/usr/local/arm
#cd/usr/local/arm
#tar xvfz gcc-4. 6. 2-glibc-2. 13-linaro-multilib-2011. 12. tar. gz
```

2. 安装 qtsdk

执行以下命令：

```
#cd/feiLingFiles/
```

#mkdir/usr/local/freescale

#cp qt4. 8. 5-sdk-32bit. tar. bz2/usr/local/freescale/

#cd/usr/local/freescale/

tar jxvf qt4. 8. 5-sdk-32bit. tar. bz2

注意此步完成后/usr/local 下会有/freescale/qt4. 8. 5 文件夹。

3. 安装 Qt Creator2. 6. 2

执行以下命令安装：

#cd/feiLingFiles/

#chmod 777 qt-creator-linux-x86-opensource-2. 6. 2. bin

. /qt-creator-linux-x86-opensource-2. 6. 2. bin 然后会弹出图形界面的安装窗口，如图 7-2 所示。

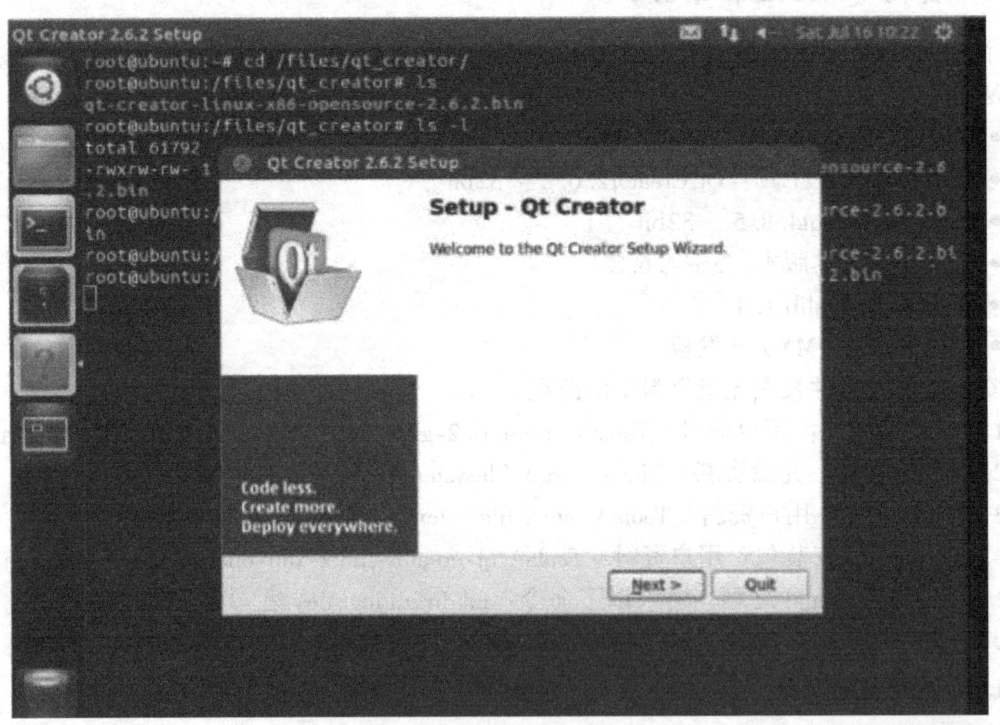

图 7-2 安装 Qt Creator 窗口

单击“Next”按钮，如图 7-3 所示。

出现安装路径，不用修改使用默认的即可，单击“Next”按钮，如图 7-4 所示。

单击“Install”按钮，如图 7-5 所示。

单击“Finish”按钮完成。执行以下命令打开 Qt Creator。

#cd/opt/qtcreator-2. 6. 2/bin/

#. /qtcreator&

安装完成后在启动栏会出现 Qt Creator 的启动项，如图 7-6 所示。

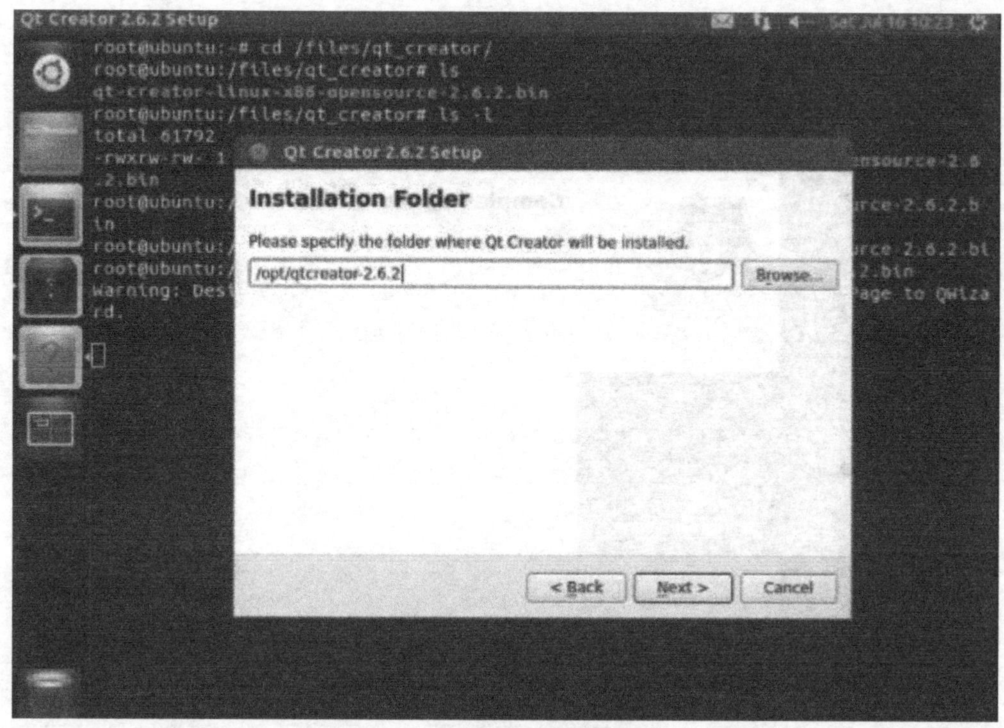

图 7-3　选择安装路径

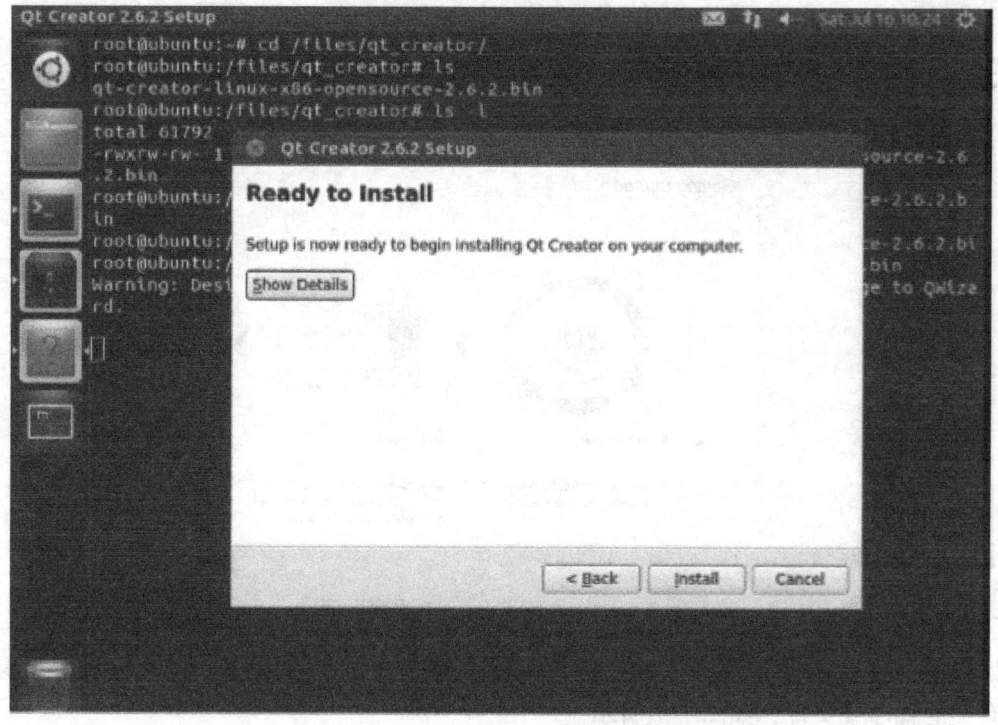

图 7-4　显示安装详细说明

图 7-5　安装完成

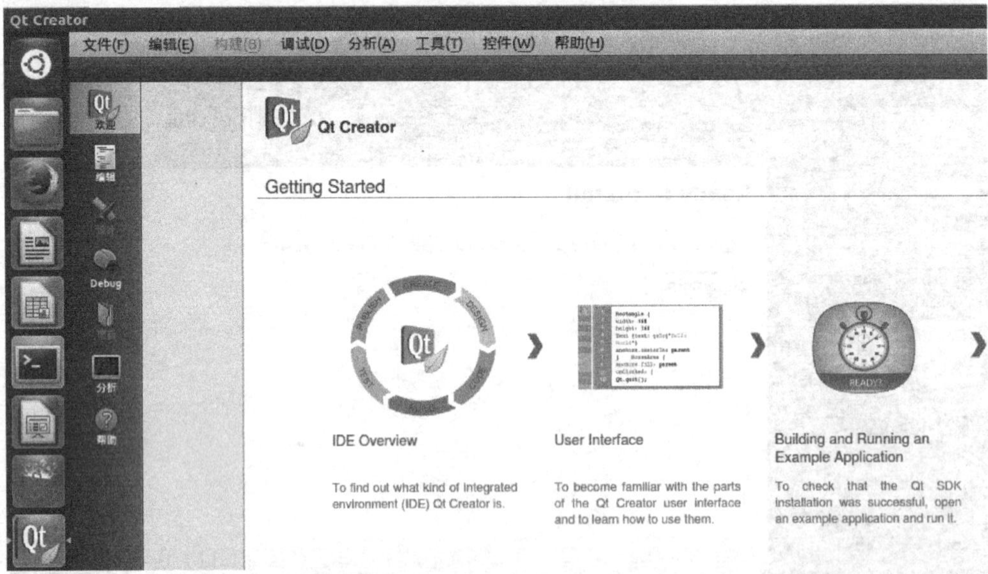

图 7-6　启动 Qt Creator 的欢迎页面

如果没有可以单击 ubuntu 启动栏上的 Dash 主页，在弹出的搜索框中输入 q 即可显示出和 q 有关的程序或文件，如图 7-7 所示。

将安装好的 Qt Creator 拖到启动栏上。

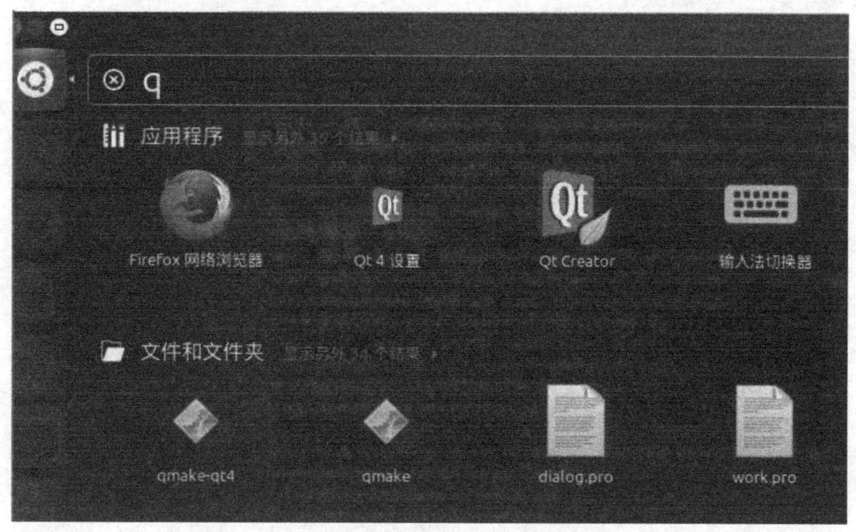

图 7-7　搜索 Qt Creator 应用程序

7.1.5　环境配置

1. 交叉编译器配置

单击 Qt Creator 的工具→选项→构建和运行→编译器，然后单击添加→GCC。名称中输入 GCCE-mx6；在“编译器路径”中单击浏览选择交叉编译器的路径/usr/local/arm/gcc-4.5.2-glibc-2.13-linaro-multilib-2011.12/fsl-linaro-toolchain/bin/arm-linux-g++ 如图 7-8 所示。

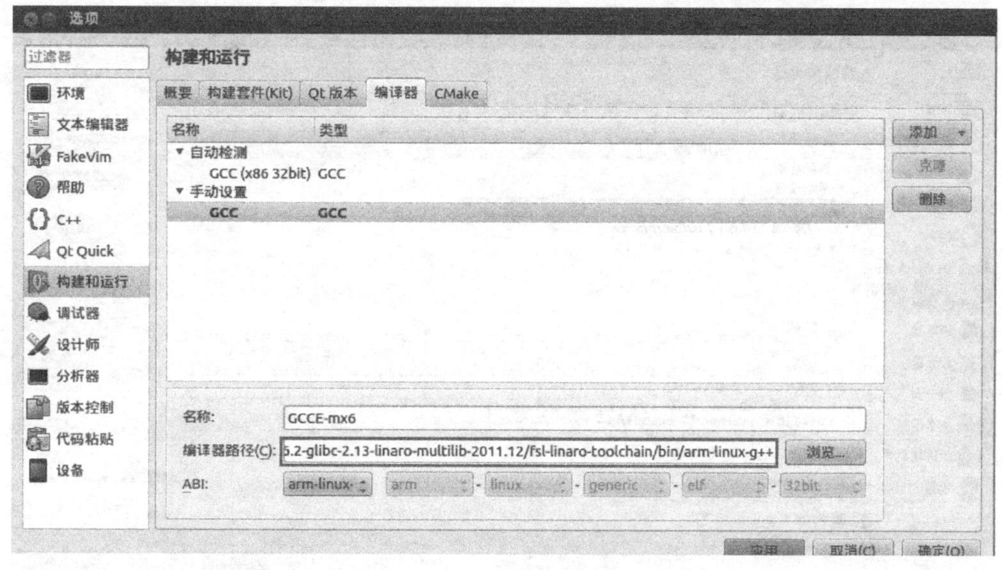

图 7-8　添加交叉编译器

然后单击“应用”及“确定”按钮。

桌面版的 GCC 已经自动检测到，编译器路径也自动添加进去，如图 7-9 所示。

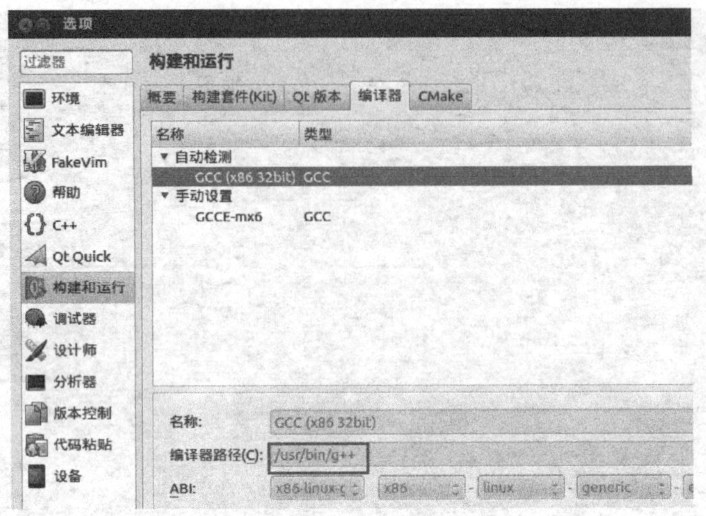

图 7-9　配置编译器

2. Qt Versions 配置

IDE 没有自动识别安装的 Qt，这是因为在缺乏系统环境变量的情况下，不知道程序安装到了什么地方，所以这里需要手动设置，手动设置很简单，只需要单击 Qt Creator 的工具→选项→构建和运行→Qt 版本，然后单击添加，分别添加编译的两个版本的 Qt 安装文件中的 qmake 文件即可，注意：是安装文件并不是解压的源文件。在弹出对话框选择弹出对话框选择/usr/local/freescale/qt4. 8. 5/bin/qmake 文件，单击“打开”添加。单击“应用”即配置完成，如图 7-10 所示。

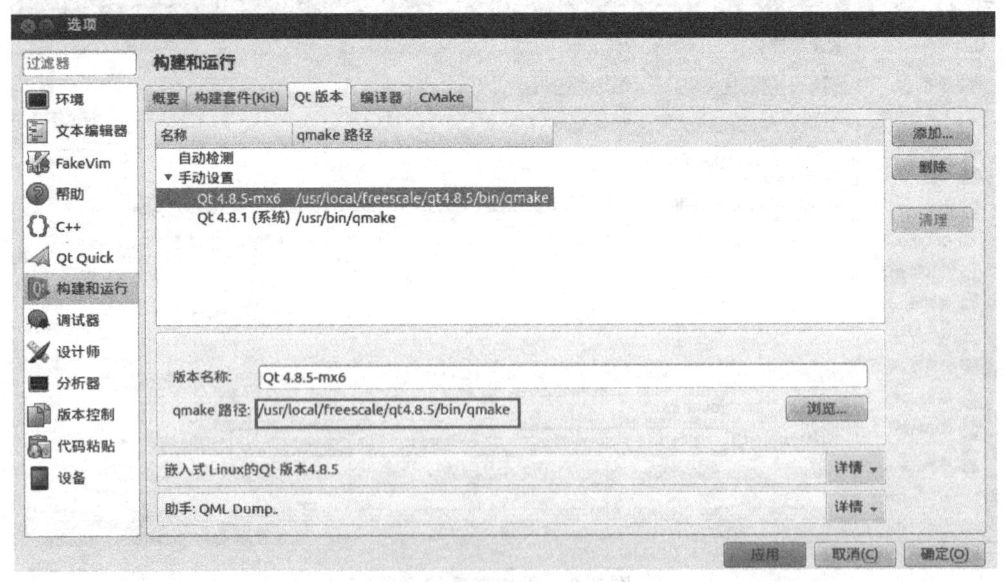

图 7-10　Qt 版本的配置

3. Kits 配置

这里设置也很简单，相当于设定几种方案，指定设备类型，所用编译器版本以及 Qt 版本。

单击 Qt Creator 的工具→选项→构建和运行→构建套件，然后单击添加，出现配置部分。“名称”中输入 Kits-mx6。“编译器”中选择 GCCE-mx6。“Qt 版本”选择 Qt 4.8.5，如图 7-11 所示。

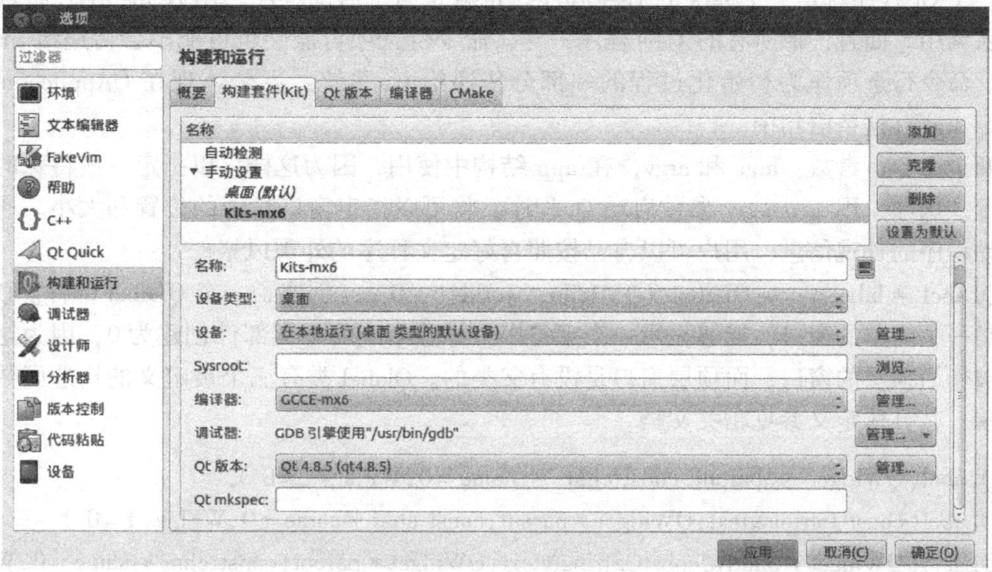

图 7-11　Qt Kits 配置

7.2　“Hello world!”认识 Qt 程序

创建和显示一个简单的窗口，了解一下 Qt 程序最基本的框架。实验代码：helloworld.cpp：

```
#include <qapplication.h>
#include <qlabel.h>
int main(intargc,char ** argv )
{QApplication app( argc,argv );
QLabel *label = new QLabel( "Hello,world!",0 );
label->setAlignment( Qt::AlignVCenter | Qt::AlignHCenter );
label->setGeometry( 10,10,200,80 );
label->show();
int result = app.exec(); return result;
}
```

代码解释：

#include <qapplication.h>包含了文件 qapplication.h，此文件里面包含了 main() 函数。这个程序因为使用了 QLabel 控件来显示文本，所以也必须包含文件 qlabel.h。

QApplication app (argc, argv) 创建了一个 QApplication 对象，命名为 app。

QApplication 对象是一个容器，包含了应用程序顶层的窗口（或者一组窗口）。顶层窗口没有父窗口。因为 QApplication 对象的任务是控制管理应用程序，因此在每个应用程序中只能有一个 QApplication 对象。

一个 Qt 程序就是一个标准的 C++ 程序。也就是为了启动程序，函数 main( ) 将被操作系统所调用。而且，像所有的 C++ 程序一样，命令行选项可能会也可能不会传递给 main( ) 函数。命令行选项作为初始化过程的一部分传递给 Qt 系统，也是体现在 QApplication app (argc, argv) 这条语句中。

两个命令行参数：argc 和 argv，在 app 结构中使用，因为这样可以指定一些特殊的标志和设置。例如，用-geometry 参数启动 Qt 程序，将可以指定窗口显示的位置和大小。通过修改启动程序的外观信息，用户可以自己按照喜好定义程序的外观风格。

QLabel * label = new QLabel (" Hello, world!", 0); 创建了一个 QLabel 部件。QLabel 部件是一个简单的窗口，能够显示一个字符串。标签指定的父类部件创建为 0，因为这个标签将被作为顶层的窗口，而顶层窗口是没有父类的。Qlabel 类有三个被定义的构造函数，如下所示，其具体定义参见相关文档：

QLabel(QWidget * parent, const char * name = 0, WFlags f = 0)

QLabel(constQString&text, QWidget * parent, const char * name = 0, WFlags f = 0)

QLabel(QWidget * buddy, constQString&text, QWidget * parent, const char * name = 0, WFlags f = 0)

其中 text 参数即为 QLabel 对象所要显示的文本信息，在本程序构造 QLabel 对象时，传入的参数为“Hello, world!”。QLabel 默认的动作是以垂直方向中心对齐的方式显示字符串，以左边为基准。

label-> setAlignment (Qt:: AlignVCenter | Qt:: AlignHCenter) 调用 setAlignment ( ) 函数使得文本在水平和垂直方向上都是位于中心位置的。label-> setGeometry (10, 10, 200, 80) 决定了标签部件在 QApplication 窗口中的位置、高度和宽度。其中 setGeometry( ) 函数的原形为：setGeometry (int x, int y, int w, int h)。因此 label 在 QApplication 窗口中的坐标是（10, 10）。宽度为 200，高度为 80。

label-> show( ) 所起的作用是在窗口上实现标签的显示。Show( ) 函数并不立刻显示 widget（控件），它只是为显示做好准备，以便需要的时候能够显示出来。在这个程序中，父窗口，即 QApplication 窗口，负责显示标签，但它只是在调用标签的 show( ) 方法时才会完成显示。另外一个函数叫作 hide( )，用于使一个部件从屏幕上消失。

int result = app. exec( ); return result 两条语句调用了 exec( ) 函数和返回系统一个值。exec( ) 函数只要当程序停止执行才返回，它返回一个整型的值，代表程序的完成状态，由于这里并不处理状态代码，这个值只是被简单地返回给系统。

写完上面的代码后保存退出（wq）vi 编辑器。

#qmake -project//把 . cpp 文件编译成 . pro 文件，文件名为“目录名 . pro”，qmake 工程文件是以 . pro 为扩展名。

qmake 使用储存在项目（. pro）文件中的信息来决定 Makefile 文件中该生成什么，如图 7-12 所示。

```
root@ubuntu: /home/gyzwl/Qt
#############################################################
# Automatically generated by qmake (    a) Wed Dec
#############################################################

TEMPLATE = app
TARGET = helloWorld
DEPENDPATH += .
INCLUDEPATH += .

# Input
SOURCES +=
```

图 7-12　查看工程文件

可以修改 . pro 文件，将 TARGET：后面加上文件名 helloworld。

#qmake//通过 . pro 文件自动创建 Makefile 文件

#make//编译，生成 helloworld 可执行文件

#. /helloworld//运行 helloworld 文件，如图 7-13 所示。

图 7-13　qmake 编译运行结果

小知识：pro 文件解释

- TEMPLATE：表示最终生成目标文件类型 app，最终生成的可执行文件。
- TARGET：目标名称是自动设置的，它被设置为和项目文件一样的名称。
- DEPENDPATH：应用程序所依赖的搜索路径。
- INCLUDEPATH：应用程序所需的额外的包含路径的列表。
- SOURCES：应用程序的源代码。
- HEADERS：应用程序用到的头文件。
- FORMS：应用程序用到的 ui 窗体文件。
- CONFIG：包含 Qt 连接编译的一些配置信息，包括。

  qtwarn_ on ：编译器会输出尽可能多的警告信息。

  qtwarn_ off ：编译器会输出尽可能少的警告信息。

  qt debug：应用程序将以 debug 模式连编。

  qt thread debug：连编为一个可调试的多线程的应用程序。

7.3　使用 Qt Creator 设计程序

进入 Qt 设计器主界面后，看到的中间部分就是将要设计的顶层窗口部件（顶层窗口部件是其他子窗口部件的载体）。从菜单中选择 File | New 命令，或者按组合键 <Ctrl> + <N>选

择类型，所有在 Qt Designer 中设计的内容都被称作表单“Form”，既可以是控件、对话框，也可以是其他类型。这里通过模板选择创建一个 Qt Gui 应用，如图 7-14 所示。

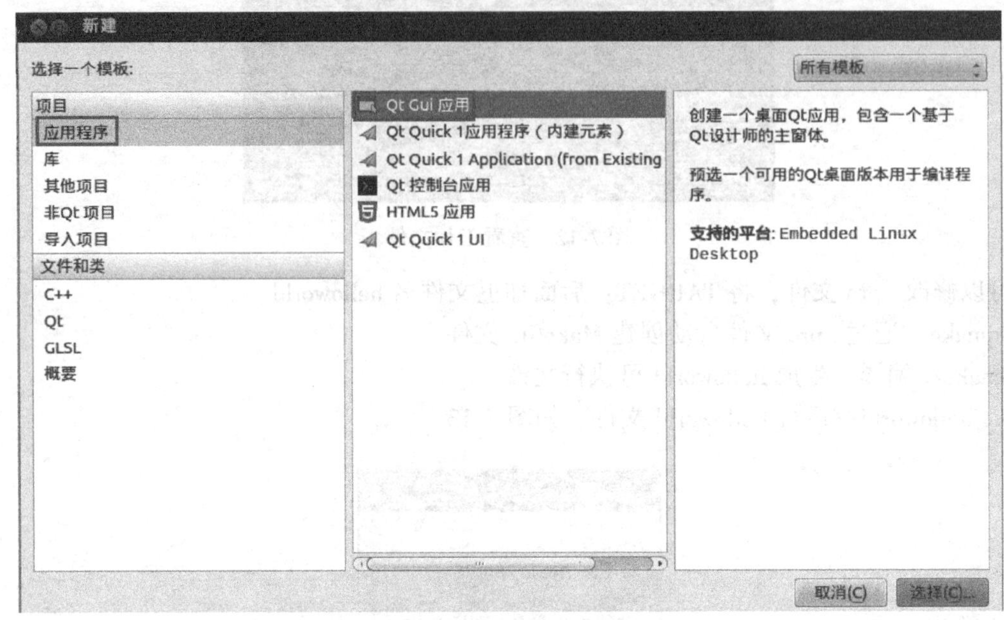

图 7-14　创建 Qt Gui 应用

输入项目名称和创建路径，如图 7-15 所示。

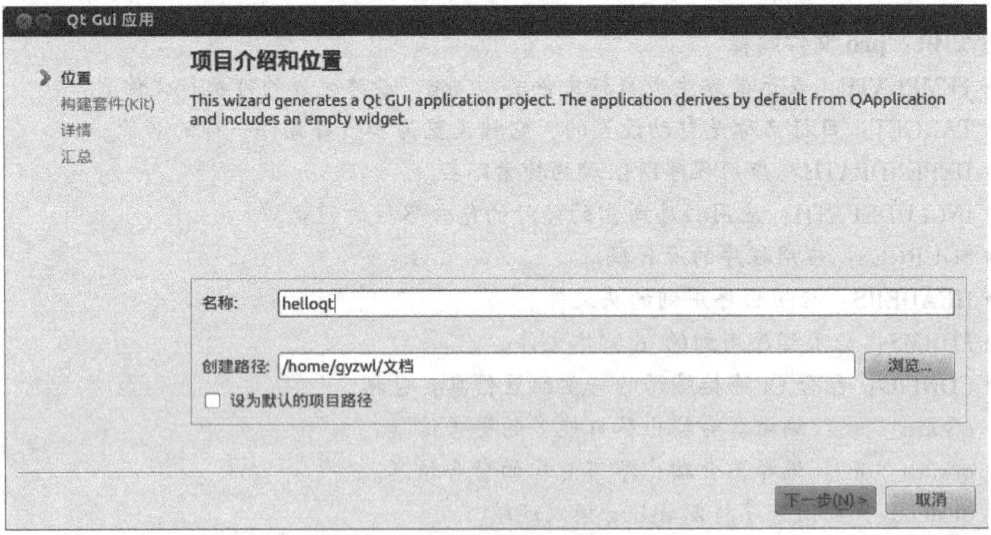

图 7-15　输入项目名称选择保存路径

选择构建套件（这是桌面版的，构建出来的程序只能在 PC 上运行）Debug 和 Release 保持默认，如图 7-16 所示。

在 Class Information 对话框中选择 base class 为 QDialog，这时“类名”“头文件”“源文件”及“界面文件”都出现默认的文件名，修改类名为 work。默认选中“创建界面”

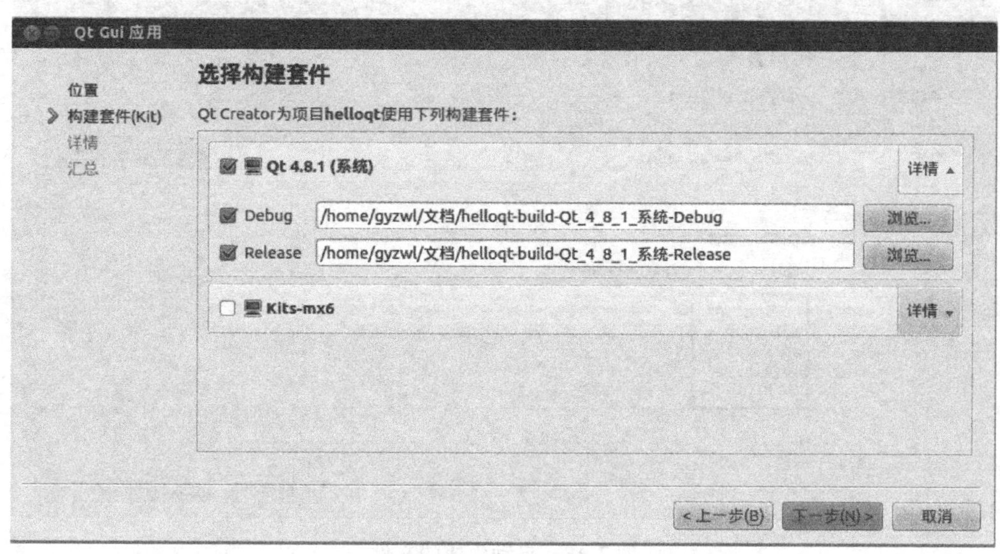

图 7-16　选择版本

复选框，表示需要采用自带的界面设计器来设计界面，否则需要利用代码完成界面的设计，如图 7-17 所示。

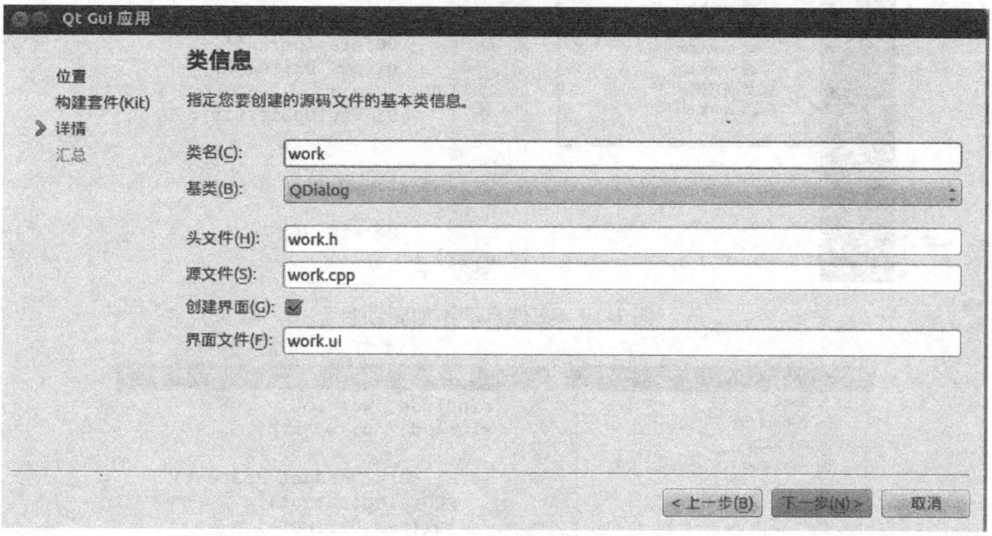

图 7-17　选择 QDialog 基类

单击“下一步”按钮，自动生成了 . cpp 类实现文件，. h 类定义文件，. ui 界面文件，. pro 项目（工程）文件等，如图 7-18 所示。

单击“完成”按钮完成创建，相应的文件自动加载到文件列表中，如图 7-19 所示。

单击中间灰色一列工具栏中的过滤符号（ ）后，弹出一个下拉列表，使两个项目都是被勾选后处于选中状态（默认选项“简化树形视图”没选中，“隐藏生成的文件”处于选中状态），若单击其中“简化树形视图”项取消选中状态，此时文件列表中的文件自动分类显示，如图 7-20 所示。

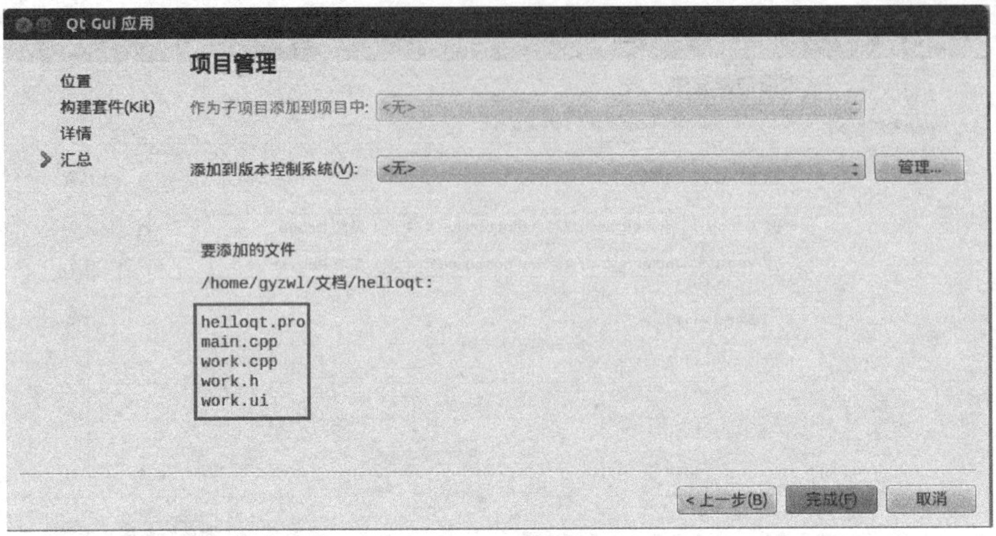

图 7-18　自动生成的文件

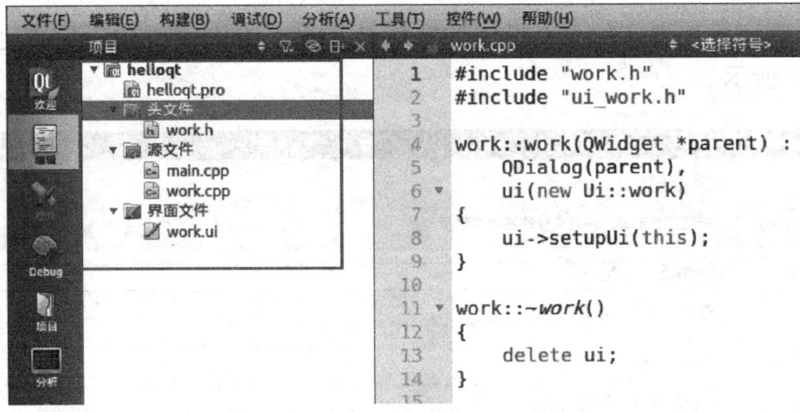

图 7-19　文件自动添加到项目

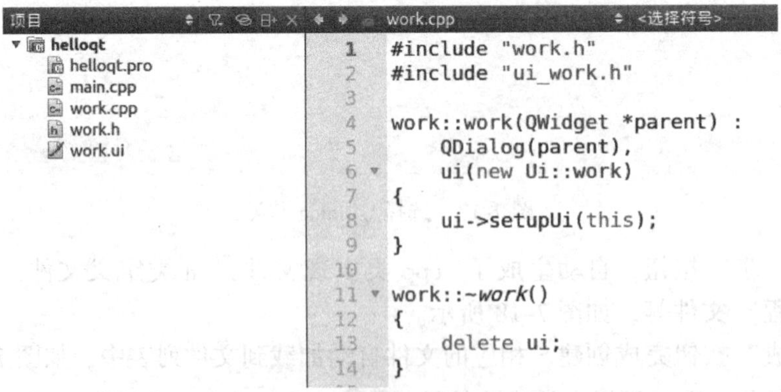

图 7-20　自动分类显示

双击 work. ui，进入界面设计器 Qt Designer 编辑状态，开始进行设计器编程。单击折叠/展开控件容器栏，在 Buttons 容器栏和 InputWidget 容器栏中找到 PushButton 按钮用于提交响应单击事件和 LineEidt 控件用于输入文本，拖曳三个此控件到中间的编辑框中。调整各控件的位置，单击编辑框的空白处使编辑框处于被选中状态，拖曳右下角的小方框，调整整个框架的大小，直至调整到适当大小为止，调整后的布局如图 7-21 所示。

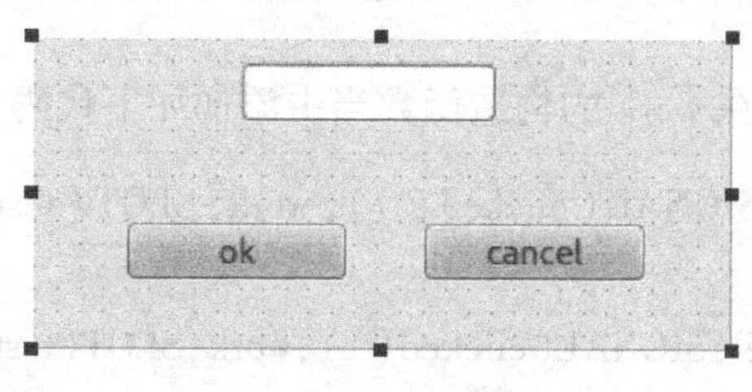

图 7-21　设计布局

修改拖曳到编辑框中的各控件的属性，如图 7-22 所示。

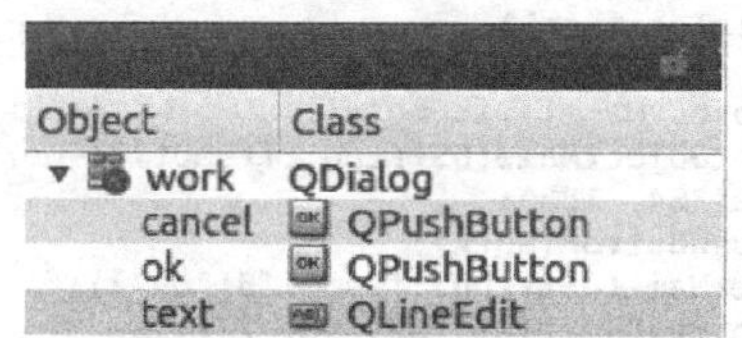

图 7-22　修改控件属性

修改控件 Text 值的方法既可以直接双击控件本身修改，也可以在 Qt Designer 设计器的属性栏中修改。

修改各控件属性，Form1 的 name 为 work，为后续的编程做好准备，PushButton1 和 PushButton2 的 objectName 为 ok 和 cancel，PushButton1，PushButton2 的 text 修改为 ok 和 cancel，将 LineEdit1 的 objectName 修改成为：text。windowTitle 输入“第一个 Qt”。

方法一：通过手写代码，了解程序的结构和代码添加位置。

1）在 work. h 头文件当中，添加两个槽函数 test 和 test1。

```
protected   slots:
void test();
void test1();
```

添加对象：

```
private:QLine * text;
QPushButton * ok;
QPushButton * cancel;
```

2）在 work. cpp 文件当中添加 test 和 test1 两个成员函数，并在其中添加如下代码，并在 work. cpp 开始，添加#include <QMessageBox> 头文件的支持。

```
void work::test()
{QMessageBox::information(this,"Information","HelloQt!");//添加提示信息
}
void work::test1()
```

{reject(); //退出函数
}

添加上述代码之后，控件和相关的成员函数，还是不能够形成调用关系，这里必须要添加“信号与槽的连接函数”。

3）在 ui_ work. h 中，在 work 的构造函数当中添加如下代码。

QObject::connect(ok,SIGNAL(clicked()),work,SLOT(test()));//给 ok 控件添加 clicked()信号和 test 槽

QObject::connect(cancel,SIGNAL(clicked()),work,SLOT(test1()));//给 cancel 控件添加 clicked()信号与 test1 槽

添加位置如图 7-23 所示。

```
void setupUi(QDialog *work)
{
    if (work->objectName().isEmpty())
        work->setObjectName(QString::fromUtf8("work"));
    work->resize(304, 136);
    ok = new QPushButton(work);
    ok->setObjectName(QString::fromUtf8("ok"));
    ok->setGeometry(QRect(40, 80, 98, 27));
    cancel = new QPushButton(work);
    cancel->setObjectName(QString::fromUtf8("cancel"));
    cancel->setGeometry(QRect(170, 80, 98, 27));
    text = new QLineEdit(work);
    text->setObjectName(QString::fromUtf8("text"));
    text->setGeometry(QRect(90, 10, 113, 27));
     retranslateUi(work);
    QObject::connect(ok,SIGNAL(clicked()),work,SLOT(test()));
    QObject::connect(cancel,SIGNAL(clicked()),work,SLOT(test1()));
   QMetaObject::connectSlotsByName(work);
} // setupUi
```

图 7-23　添加信号和槽函数关联

方法二：通过 Qt 设计器关联槽函数具体步骤如下。

前面代码添加同方法一的步骤。

1）单击“编辑信号/槽”按钮，如图 7-24 所示。

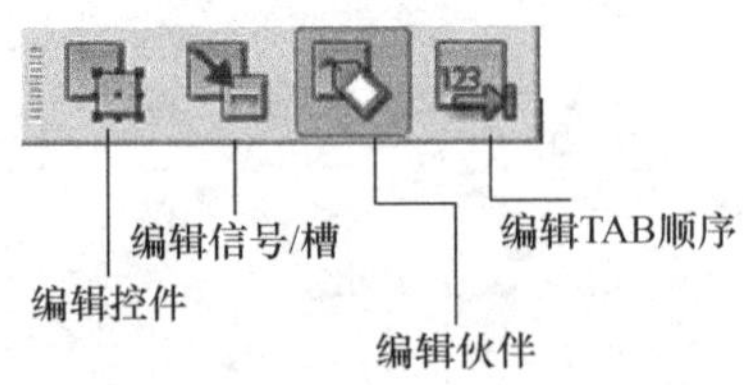

图 7-24　单击编辑信号/槽图标

2）然后在“ok”按钮上拖动，会弹出链接配置对话框，如图 7-25 和图 7-26 所示。

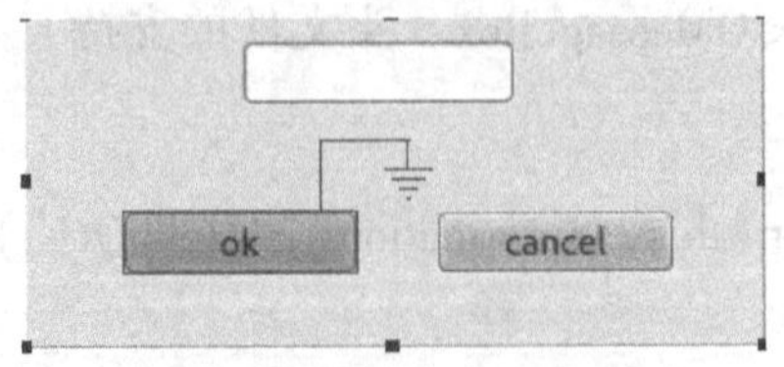

图 7-25　在控件上拖动

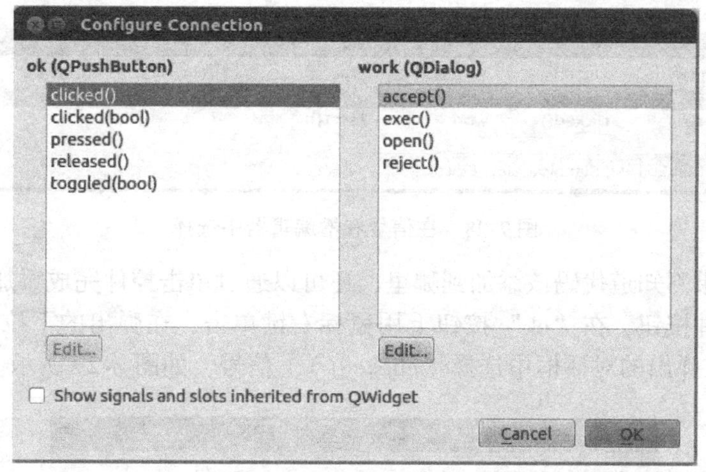

图 7-26　选择控件动作响应事件

单击“编辑”按钮，弹出“Signals/Slots of Work”对话框，单击“加”按钮，添加槽函数 test( )，如图 7-27 所示。

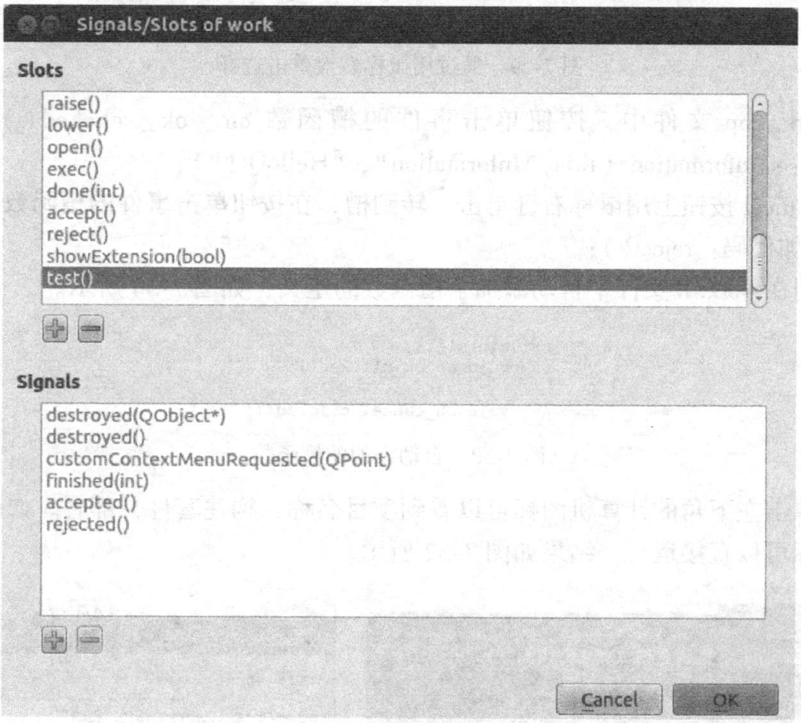

图 7-27　添加槽函数

同样添加槽函数 test1( )，单击“ok”按钮，返回链接配置对话框，发现多了两个函数，然后对应使“ok”按钮的 clicked( ) 事件和 test( ) 函数关联，cancel 按钮的 clicked( ) 事件和 test1( ) 关联。

还可以在“Signals & Slots Editor”中双击对应项，添加发送者、信号、接受者和槽完成，如图 7-28 所示。

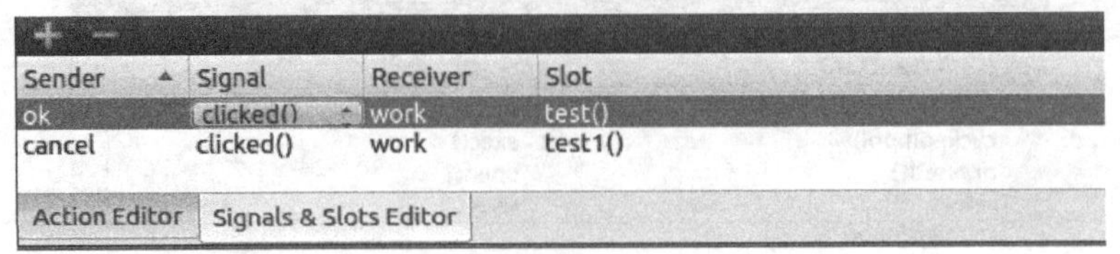

图 7-28　在信号和槽编辑器中选择

方法三：如果不知道代码该添加到哪里，还可以通过单击控件完成添加代码结构。

单击编辑控件按钮，在“ok”按钮上用鼠标右键单击，在弹出的下拉菜单中选择“Go to Slot”命令，在弹出的对话框中选择“clicked( )”信号，如图 7-29 所示。

Go to slot

Select signal

clicked()	QAbstractButton
clicked(bool)	QAbstractButton
pressed()	QAbstractButton
released()	QAbstractButton
toggled(bool)	QAbstractButton

Cancel　OK

图 7-29　通过用鼠标右键单击选择

进入 work. cpp 文件中，按钮单击事件的槽函数 on_ ok_ clicked( ) 添加代码：QMessageBox:: information (this,"Information", "HelloQt!");

同样在 cancel 按钮上用鼠标右键单击，转到槽，在按钮单击事件的槽函数 on_ cancel_ clicked( ) 添加代码：reject( );

可以看到在 work. h 文件中自动添加了槽函数的定义，如图 7-30 所示。

```
private slots:
    void on_ok_clicked();

    void on_cancel_clicked();
```

图 7-30　自动添加的槽函数

完成后单击左下角的计算机图标可以看到项目名称，构建套件，部署。如图 7-31 所示，单击三角图标可以直接运行，结果如图 7-32 所示。

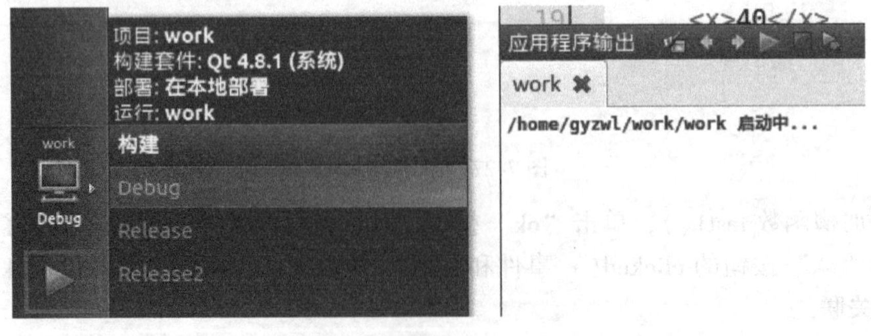

图 7-31　单击运行按钮

图 7-32　本地运行结果

上面的程序是在 PC 平台上运行的，下面构建一个在 ARM 平台上运行的程序。上面新建项目的时候选择的构建套件是桌面，下面进行修改。

单击“项目”→“添加构建套件”，下方会弹出设定的 ARM 编译器，如图 7-33 所示。

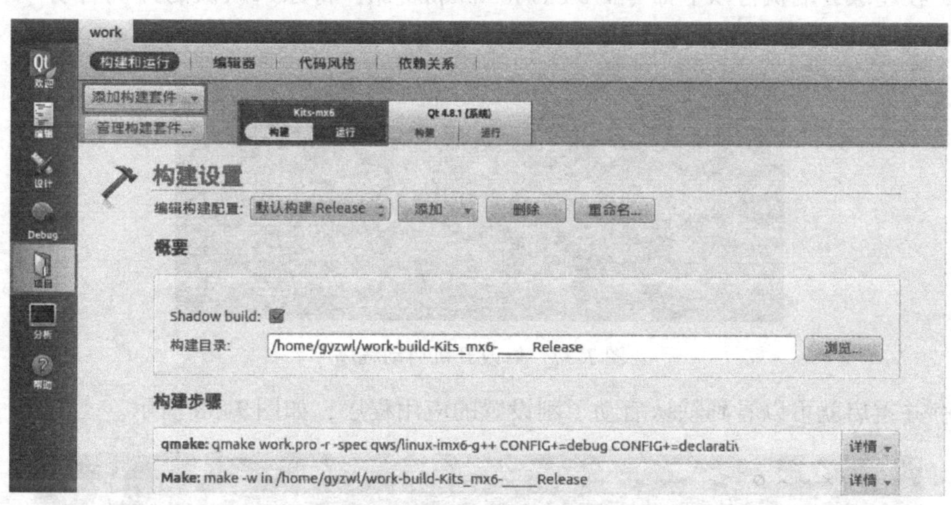

图 7-33　添加 ARM 架构的套件

因为是在 ARM 架构的平台上运行，不能在本地运行，因此不能直接单击运行，单击“锤子”图标，进行构建，构建完成后可以在工程文件夹 work-build-Kits_mx6-____Release 下看到在 ARM 开发板上运行的程序 work，如图 7-34 所示。

图 7-34　生成的 ARM 架构的文件夹

使用 file 命令查看 work 文件的类型，如图 7-35 所示。

```
root@ubuntu:/home/gyzwl/work-build-Kits_mx6-_____Release# ls
main.o  Makefile  moc_work.cpp  moc_work.o  ui_work.h  work  work.o
root@ubuntu:/home/gyzwl/work-build-Kits_mx6-_____Release# file work
work: ELF 32-bit LSB executable, ARM, version 1 (SYSV), dynamically linked (uses
 shared libs), for GNU/Linux 2.6.31, not stripped
root@ubuntu:/home/gyzwl/work-build-Kits_mx6-_____Release#
```

图 7-35　查看生成的文件类型

将生成的 work 文件复制到 tftpboot 目录下，启动虚拟机的 TFTPD 服务，登录到开发板，通过执行命令 tftp -r work -g 192. 168. 0. 106 就可以将 tftpboot 目录下的 work 文件下载到板子的根目录，如图 7-36 所示。

```
root@freescale ~$ cd /
root@freescale /$ ls
abc          home         mnt              sbin         usr
bin          lib          opt              status.sh    var
dev          linuxrc      pack-rootfs.sh   sys          version.txt
etc          lost+found   proc             test.txt     work
forlinx      media        root             tmp
```

图 7-36　通过 tftp 下载到开发板

mx6 平台 Qt 系统开机后默认启动桌面程序 fluidlauncher，若要改成默认启动其他 Qt 应用程序，在超级终端执行以下命令#vi/etc/rc. d/apps. sh，将原来默认的开机启动 Qt 程序注释掉，加上 work 程序所在的目录和执行命令，如图 7-37 所示。

```
root@ubuntu: /home/gyzwl
#!/bin/sh
#app
#cd /opt/qt4.8.5/demos/embedded/fluidlauncher
#./fluidlauncher -qws &
#apps
cd /
./work -qws &
```

图 7-37　修改开机启动程序

保存并重启就可以看到默认启动了刚设置的应用程序，如图 7-38 所示。

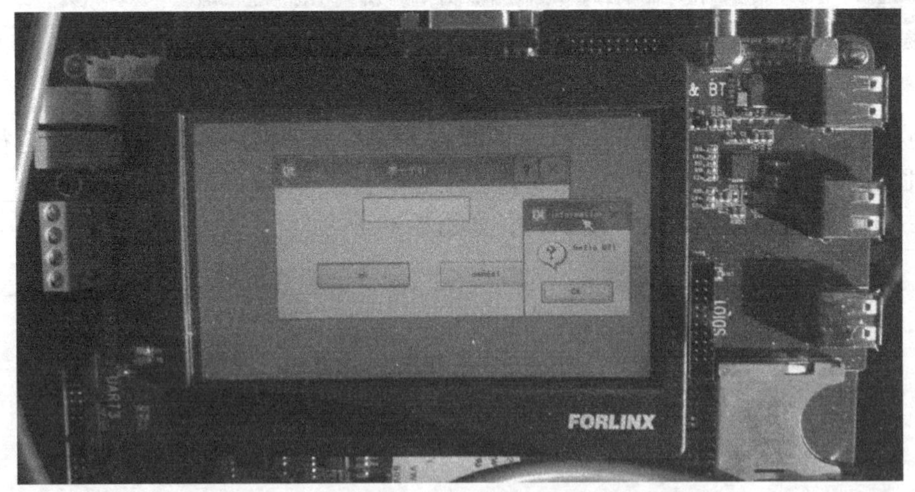

图 7-38　在飞凌 OKMX6UL-C 平台上运行 Qt 程序

7.4　信号与槽机制

信号与插槽机制提供了对象间的通信机制，图形用户接口的应用需要对用户的动作做出响应，例如，当用户单击了一个菜单项或是一个按钮时，应用程序会执行某些代码。在大部分情况下，人们希望不同类型的对象之间能够进行通信。程序员必须把事件和相关代码联系起来，这样才能对事件做出响应。以前的工具开发包使用的事件响应机制是易崩溃的，不够健壮的，同时也不是面向对象的。Trolltech 创立了一种新的机制，叫作“信号与插槽”。它完全可以取代原始的回调和消息映射机制；信号与插槽是迅速的，类型安全的，健壮的，完全面向对象并用 C++ 来实现的一种机制。

在以前，当人们使用回调函数机制来把某段响应代码和一个按钮的动作相关联时，人们通常把那段响应代码写成一个函数，然后把这个函数的地址指针传给按钮，当那个按钮被按下时，这个函数就会被执行。对于这种方式，以前的开发包不能够确保回调函数被执行时所传递进来的函数参数就是正确的类型，因此容易造成进程崩溃，另外一个问题是，回调这种方式紧紧地绑定了图形用户接口的功能元素，因而很难把开发进行独立的分类。Qt 的信号与插槽机制是不同的。Qt 的窗口在事件发生后会激发信号。例如一个按钮被单击时会激发一个“clicked”信号。程序员通过建立一个函数（称作一个插槽），然后调用 connect() 函数把这个插槽和一个信号连接起来，这样就完成了一个事件和响应代码的连接。信号与插槽机制并不要求类之间互相知道细节，这样就可以相对容易地开发出代码可高重用的类。信号与插槽机制是类型安全的，它以警告的方式报告类型错误，而不会使系统产生崩溃。信号与插槽的实现扩展了 C++ 的语法，同时也完全利用了 C++ 面向对象的特征。信号与插槽可以被重载或者重新实现，它们可以定义为类的公有、私有或是保护成员，如图 7-39 所示。

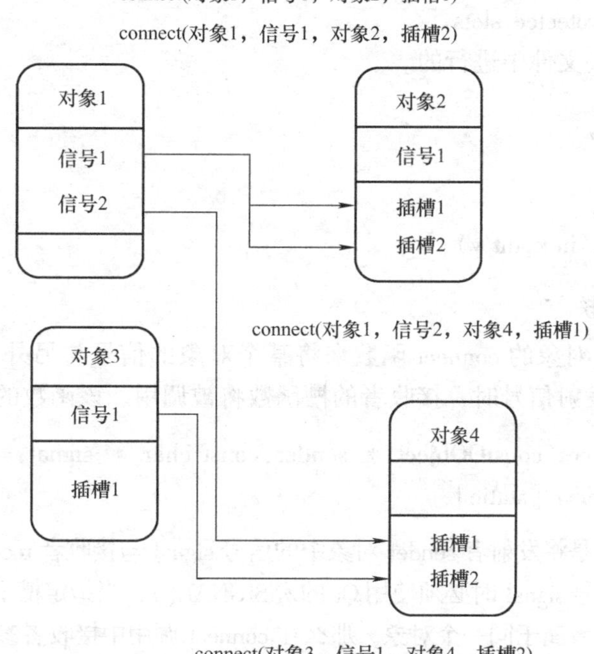

图 7-39　信号和槽的关系

如果一个类要使用信号与插槽机制，它就必须是从 QObject 或者 QObject 的子类继承，而且在类的定义中必须加上 Q_ OBJECT 宏。

1. 信号

信号的声明是在头文件中进行的，QT 的 signals 关键字指出进入了信号声明区，随后即可声明自己的信号。例如，下面定义了三个信号：

```
signals:
voidmySignal();
voidmySignal(int x);
voidmySignalParam(intx,int y);
```

signals 是 Qt 的关键字，而非 C/C++ 的。void mySignal() 定义了信号 mySignal，这个信号没有参数；void mySignal (int x) 定义了重名信号 mySignal，但是它有一个整形参数，这有点类似于 C++ 中的虚函数。从形式上讲信号的声明与普通的 C++ 函数是一样的，但是信号却没有函数体定义，另外，信号的返回类型都是 void。

2. 槽

槽是普通的 C++ 成员函数，可以被正常调用，它们唯一的特殊性就是很多信号可以与其相关联。当与其关联的信号被发射时，这个槽就会被调用。槽可以有参数，但槽的参数不能有默认值。

既然槽是普通的成员函数，因此与其他的函数一样，它们也有存取权限。槽的存取权限决定了谁能够与其相关联。同普通的 C++ 成员函数一样，槽函数也分为 3 种类型，即 public slots、private slots 和 protected slots。

槽的声明也是在头文件中进行的。

```
public slots:
voidmySlot();
voidmySlot(int x);
voidmySignalParam(intx,int y);
```

3. 信号与槽的关联

通过调用 QObject 对象的 connect 函数来将某个对象的信号与另外一个对象的槽函数相关联，这样当发射者发射信号时，接收者的槽函数将被调用。该函数的定义如下：

```
boolQObject::connect(constQObject * sender,const char * signal,constQObject * receiver,const char * member ) [static]
```

这个函数的作用就是将发射者 sender 对象中的信号 signal 与接收者 receiver 中的 member 槽函数联系起来。当指定信号 signal 时必须使用 Qt 的宏 SIGNAL()，当指定槽函数时必须使用宏 SLOT()。如果发射者与接收者属于同一个对象，那么在 connect 调用中接收者参数可以省略。

7.5 课后实训

用户输入一个圆的半径后，单击计算按钮可以显示计算后的圆的面积值或者输入数字直接显示面积，如图 7-40 所示。

图 7-40　程序运行结果

步骤 1：界面设计。

1）单击运行 Qt Creator，进入欢迎界面。单击“文件”→“新建文件或项目”命令，创建一个新的工程。

2）单击选择“QtGui 应用”，单击“选择”按钮，进入下一步。

3）选择保存项目的路径并定义自己项目的名字。这里将项目命名为 Dialog。

4）弹出“选择构建套件”界面，系统默认已指定 C++ 的编译器和调试器。

5）根据实际需要，选择一个“基类”。这里选择 QDialog 对话框类作为基类，这时“类名”“头文件”“源文件”及“界面文件”都出现默认的文件名。取消“创建界面”复选框的选中状态。用代码实现界面而不用设计器。

6）单击“完成”按钮完成创建，相应的文件自动加载到文件列表中。

步骤 2：代码实现。

1）在上述工程的 dialog. h 中添加如下加粗代码：

```
class Dialog : publicQDialog
{   Q_OBJECT
public:
Dialog(QWidget *parent =0);//构造函数,该控件属于顶层
   ~Dialog();
private:
QLabel *label1, *label2;
QLineEdit *lineEdit;
QPushButton *button;//私有成员变量
};
```

此时要在文件最开始加入头文件：

```
#include <QLabel>
#include <QLineEdit>
#include <QPushButton>
```

2）在 dialog. cpp 中添加如下代码：

```
Dialog::Dialog(QWidget *parent)
   :QDialog(parent) {
  label1 = newQLabel(this);   //实例化一个类
  label1->setText(tr("请输入圆的半径:"));
```

```
lineEdit = new QLineEdit( this) ;
label2 = newQLabel( this) ;
button = newQPushButton( this) ;
  button-> setText( tr( "显示对应圆的面积") ) ;
QGridLayout  * mainLayout = new QGridLayout( this) ;
mainLayout-> addWidget( label1 ,0 ,0) ;
mainLayout-> addWidget( lineEdit ,0 ,1) ;
mainLayout-> addWidget( label2 ,1 ,0) ;
mainLayout-> addWidget( button ,1 ,1) ; }
```

在此文件一开始添加头文件：

```
#include  < QGridLayout >
const static double PI = 3. 1416;
```

3）在 LineEdit 文本框内输入所需圆的半径值，单击“显示对应圆的面积”按钮后，在 label2 中显示相对应的圆的面积值。

打开 dialog. h 文件，在类构造函数和控件成员声明后，添加如下代码：

```
class Dialog : publicQDialog
  {        ...... QPushButton  * button;
private slots:
void showArea( ) ;
} ;
```

4）在 dialog. cpp 文件，在构造函数中添加如下加粗代码：

```
 Dialog: : Dialog( QWidget  * parent)
   : QDialog( parent) {
      ......
mainLayout-> addWidget( button ,1 ,1) ;
connect( button, SIGNAL( clicked( ) ) , this, SLOT( showArea( ) ) ) ;
  }
```

5）在 showArea( ) 中实现显示圆面积功能，代码如下：

```
void Dialog: : showArea( )
{   bool ok;
    QString tempStr;
    QString valueStr = lineEdit-> text( ) ;
    int valueInt = valueStr. toInt( &ok) ;
    double area = valueInt * valueInt * PI;
    label2-> setText( tempStr. setNum( area) ) ;
}
```

6）如果不需要单击按钮而输入数字直接显示结果，dialog.cpp 文件中的信号和槽函数连接函数代码则为

```
Dialog::Dialog(QWidget * parent)
    :QDialog(parent)
{       ......
mainLayout-> addWidget(button,1,1);
connect(lineEdit,SIGNAL(textChanged(QString)),this,SLOT(showArea()));
 }
```

7.6 习题

1）简述开发 Qt 应用程序的流程及编译步骤。

2）槽函数一般添加在哪个文件中？有哪几种添加槽函数的方法？

3）用 QtCreator 设计的程序产生的文件 .pro、.cpp、.h、.ui 各自的作用是什么？

4）如何给项目（工程）添加头文件和源文件？

5）创建 Qt 窗口程序时，选择的基类 Qwidget、QMainWindows、QDialog 各自的含义是什么？

第 8 章　嵌入式数据库编程

8.1　嵌入式数据库简介

8.1.1　关系数据库与表

关系数据库就是二维表集合形式的数据库。二维表是由行（row）和列（column）组成的表格。表中的一行也叫作一条记录，表中的一列叫作一个字段。SQL 数据库是关系数据库的一种。

每个表中可以有一个或多个字段为主键（Primary Key），它是标识表中各行的一个列或一组列。主键必须唯一，非空（任何部分都不能为空）。表中所有记录的主键都不能重复，如果向一个表中插入记录时，这个表中已有该主键，则将不能操作。

如图 8-1 所示，Student 表用于保存学生的基本信息，而 Score 表用于保存成绩。注意：在 Student 表中学生的学号各不相同，因此可以单独作为主键，而在 Score 表中一个学生有多个课程成绩，学号就不能单独作为主键。

StuNo	Name	Sex	Age
20140101	ZhSan	M	20
20140102	LiSi	F	21
20140103	WangW	M	19

Student表

StuNo	Subjecy	Score
20140101	Math	80
20140102	English	88
20140103	Computer	90

Score表

图 8-1　Student 数据库和表

8.1.2　嵌入式数据库 SQLite

SQLite 是一个非常轻量级自包含（lightweight and self-contained）的 DBMS，它可移植性好、容易使用、很小、高效而且可靠。SQLite 嵌入到使用它的应用程序中，它们共用相同的进程空间，而不是单独的一个进程。嵌入式数据库的一大好处就是在程序内部不需要网络配置，也不需要管理。因为客户端和服务器在同一进程空间运行。它需要的内存开销很小，适合用于嵌入式设备。

8.1.3　安装 SQLite3

Ubuntu 下安装 SQLite 非常简单，执行命令：#sudo apt-get installsqlite sqlite3 即可自动安装。

执行命令：sqlite3 -version，查看 SQ Lite 的版本，如图 8-2 所示。

```
root@ubuntu:/home/gyzwl/st/st# sqlite3 -version
3.7.9 2011-11-01 00:52:41 c7c6050ef060877ebe77b41d959e9df13f8c9b5e
```

图 8-2　查看 SQ Lite3 版本

8.1.4　使用 SQLite3

1. SQLite 常用命令

SQLite3 命令通常以．开头。

1）创建 SQLite 数据库。

执行命令：sqlite3 xj. db，创建一个名为 xj. db 的数据库。

sqlite3 *. db 指令：*. db 是要打开的数据库文件。若该文件不存在，则自动创建。

2）显示当前打开的数据库文件。

sqlite >．database

如图 8-3 所示，可以看到当前打开的数据库文件正是刚刚建立的 xj. db 文件。

```
root@ubuntu:/home/gyzwl/st/st# sqlite3 xj.db
SQLite version 3.7.9 2011-11-01 00:52:41
Enter ".help" for instructions
Enter SQL statements terminated with a ";"
sqlite> .database
seq  name             file
---  ---------------  ----------------------------------------
0    main             /home/gyzwl/st/st/xj.db
sqlite>
```

图 8-3　显示当前打开的数据库

3）显示数据库中所有表名，如图 8-4 所示。

sqlite >．tables

```
sqlite> .tables
cars      student   teachers
sqlite>
```

图 8-4　显示数据库中的表

4）查看表的结构，如图 8-5 所示。

sqlite >．schema <table_name>

```
sqlite> .schema student
CREATE TABLE student (ID varchar(8),name varchar(10),class varchar(8),sex varcha
r(2),age smallint,tel varchar(11));
sqlite>
```

图 8-5　显示表结构

显示的是创建新表时输入的命令。

5）退出 SQLite3。

```
sqlite > . quit
```

6）安装可视化工具。

执行命令：sudo apt-get install sqlitebrowser 安装可视化工具。

执行命令：sqlitebrowsertest. db，可以看到建立的数据库，如图 8-6 所示。

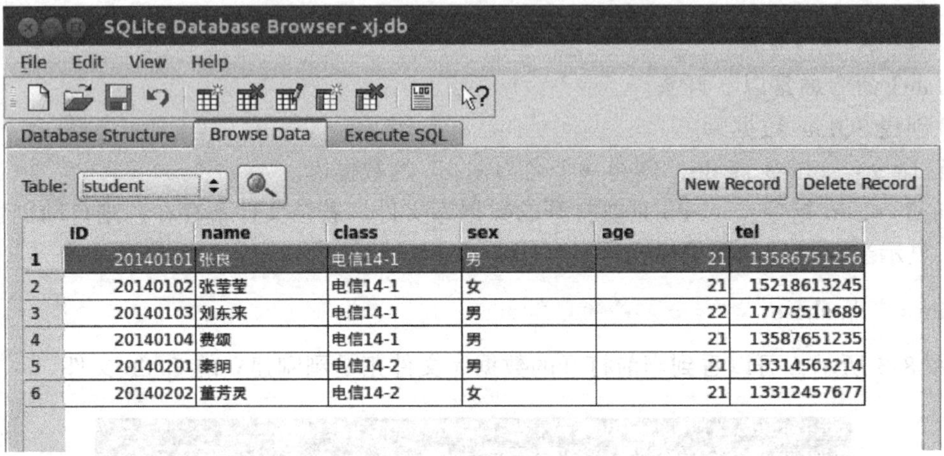

图 8-6　可视化查看数据库

2. SQL 命令

SQL 即结构化查询语言，是关系数据库的标准语言，每个命令以；结束。

1）创建新表。

```
sqlite > create table <table_name> (f1 type1,f2 type2,...);
```

注意：数据类型见表 8-1，若未指定类型，默认是字符串，向表中添加新记录时要加 ""；至少要在数据库中建立一个表或者视图，这样才能将数据库保存在磁盘中，否则数据库不会被创建。

```
sqlite >create table student (ID varchar(8),name varchar(10),class varchar(8),sex varchar(2),age smallint,tel varchar(11));
```

注意：最后一定要加分号。这里创建了一个名字叫 student 的数据表，该数据表内定义了 6 个字段，分别为 ID、name、class、sex、age、tel。

表 8-1　SQL 数据库数据类型

type 数据类型	type 含义
NULL	空值
INTEGER	带符号的整型，具体取决于存入数字的范围大小
REAL	浮点数字，存储为 8-byte IEEE 浮点数
TEXT	字符串文本
BLOB	二进制对象

（续）

type 数据类型	type 含义
smallint	16 位元的整数
decimal（p，s）	精确值 p 是指全部有几个数，s 是指小数点后有几位数。如果没有特别指定，则系统会设为 $p=5$；$s=0$
float	32 位元的实数
double	64 位元的实数
char（n）	固定长度为 n 个字节，n 取值范围 1～8000
varchar（n）	长度不固定且其最大长度为 n 的字串，n 不能超过 8000
date	包含了年份、月份、日期
time	包含了小时、分钟、秒
datetime	包含日期时间格式，必须写成'2010-08-05'不能写为'2010-8-5'，否则在读取时会产生错误

2）向数据表插入数据（以下数据全部虚构）。

sqlite > insert into student(ID,name,class,sex,age,tel) values("20140101","张良","电信14-1","男",21,"13586751256");

sqlite > insert into student（ID,name,class,age,tel）values("20140102","张莹莹","电信14－1","女",21,"15218613245");

sqlite > insert into student（ID,name,class,age,tel）values("20140103","刘东来","电信14－1","男"22,"17775511689");

3）查询数据表，如图 8-7 所示。

sqlite > select ＊ from <table_name>;

```
sqlite> select * from student
   ...> ;
20140101|张良|电信14-1|男|21|13586751256
20140102|张莹莹|电信14-1|女|21|15218613245
20140103|刘东来|电信14-1|男|22|17775511689
20140104|费颂|电信14-1|男|21|13587651235
20140201|秦明|电信14-2|男|21|13314563214
20140202|董芳灵|电信14-2|女|21|13312457677
sqlite>
```

图 8-7　查询结果

使用 . separator 设置分隔符，如图 8-8 所示。

```
sqlite> .separator ' '
sqlite> select * from student;
20140101 张良 电信14-1 男 21 13586751256
20140102 张莹莹 电信14-1 女 21 15218613245
20140103 刘东来 电信14-1 男 22 17775511689
20140104 费颂 电信14-1 男 21 13587651235
20140201 秦明 电信14-2 男 21 13314563214
20140202 董芳灵 电信14-2 女 21 13312457677
sqlite>
```

图 8-8　使用分隔符查看查询结果

按指定条件查询表中记录，如图 8-9 所示。

sqlite > select * from <table_name> where <expression>;

```
sqlite> select ID,name from student where sex='女';
20140102 张莹莹
20140202 董芳灵
sqlite>
```

图 8-9　按条件查询

4）向表中添加新记录，如图 8-10 所示。

sqlite > insert into <table_name> values(value1,value2,...);

```
sqlite> insert into student values("20140105","刘贺","电信14-1","男",22,"13308033321
");
sqlite> select * from student;
20140101 张良 电信14-1 男 21 13586751256
20140102 张莹莹 电信14-1 女 21 15218613245
20140103 刘东来 电信14-1 男 22 17775511689
20140104 费颂 电信14-1 男 21 13587651235
20140201 秦明 电信14-2 男 21 13314563214
20140202 董芳灵 电信14-2 女 21 13312457677
20140105 刘贺 电信14-1 男 22 13308033321
sqlite>
```

图 8-10　添加记录

5）按指定的条件删除表中记录，如图 8-11 所示。

sqlite > delete from <table_name> where <expression>;

```
sqlite> delete from student where name="刘贺";
sqlite> select * from student;
20140101 张良 电信14-1 男 21 13586751256
20140102 张莹莹 电信14-1 女 21 15218613245
20140103 刘东来 电信14-1 男 22 17775511689
20140104 费颂 电信14-1 男 21 13587651235
20140201 秦明 电信14-2 男 21 13314563214
20140202 董芳灵 电信14-2 女 21 13312457677
sqlite>
```

图 8-11　删除记录

6）更新表中记录，如图 8-12 所示。

sqlite > update <table_name> set <f1=value1>, <f2=value2>... where <expression>;

```
sqlite> update student set name="张亮" where name="张良";
sqlite> select * from student;
20140101 张亮 电信14-1 男 21 13586751256
20140102 张莹莹 电信14-1 女 21 15218613245
20140103 刘东来 电信14-1 男 22 17775511689
20140104 费颂 电信14-1 男 21 13587651235
20140201 秦明 电信14-2 男 21 13314563214
20140202 董芳灵 电信14-2 女 21 13312457677
sqlite>
```

图 8-12　更新记录

8.2 Qt 下数据库编程

Qt 中使用 QtSql 模块实现了对数据库的完美支持。可以在 Qt Creator 的帮助中查找 QtSql Module，其内容如图 8-13 所示。

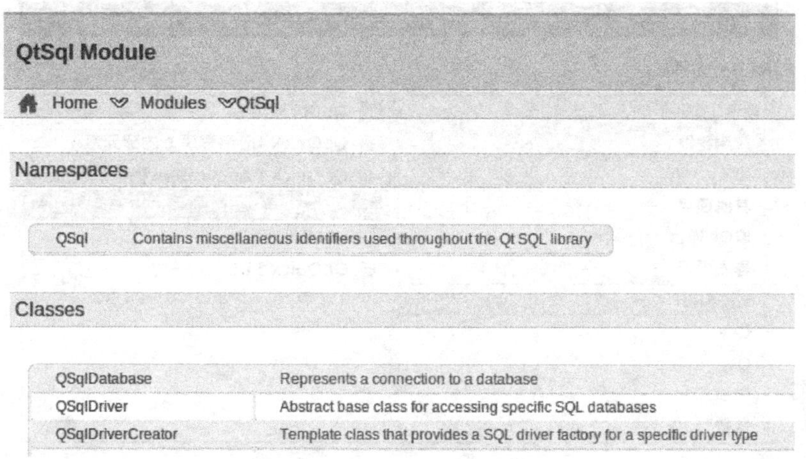

图 8-13　QtSql 模块

这个模块是一组类的集合，使用这个模块需要加入头文件#include <QtSql>，而在工程文件中需要加入一行代码：QT + = sql，如图 8-14 所示。

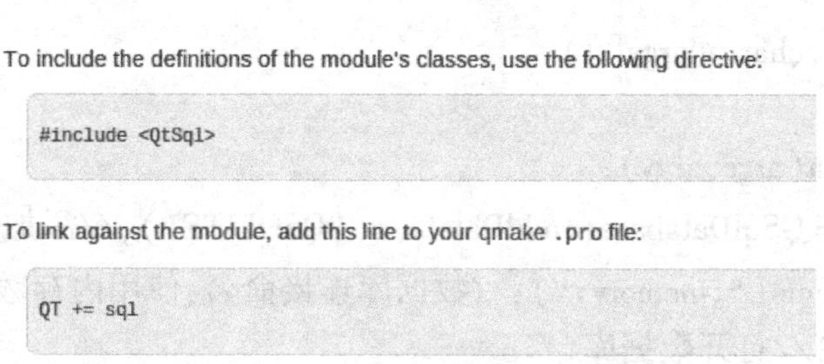

图 8-14　加入头文件和修改 pro 文件

QSqlDatabase 类实现了数据库连接的操作，现在 Qt 支持的数据库类型有图 8-15 所示几种。现在人们使用的免费的 Qt 只提供了 SQLite 和 ODBC 数据库的驱动。

Driver Type	Description
QDB2	IBM DB2
QIBASE	Borland InterBase Driver
QMYSQL	MySQL Driver
QOCI	Oracle Call Interface Driver
QODBC	ODBC Driver (includes Microsoft SQL Server)
QPSQL	PostgreSQL Driver
QSQLITE	SQLite version 3 or above
QSQLITE2	SQLite version 2
QTDS	Sybase Adaptive Server

图 8-15　Qt 支持的数据库

8.2.1 使用 QSqlQuery 类执行 SQL 语句控制台显示

1. 新建 Qt 控制台工程

如图 8-16 所示。

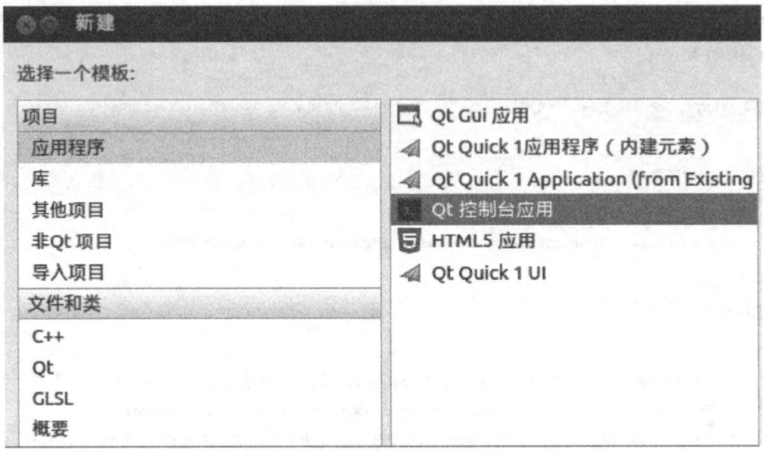

图 8-16 新建控制台应用项目

2. 修改 main. cpp 中的内容

```
#include <QtCore/QCoreApplication>
#include <QtSql>
int main(int argc,char *argv[])
{
QCoreApplicationa(argc,argv);
QSqlDatabasedb = QSqlDatabase::addDatabase("QSQLITE");//添加数据库驱动
db.setDatabaseName(":memory:");//数据库连接命名,使用内存数据库
if(! db.open())//打开数据库
{
return false;
}
QSqlQuery query;//以下执行相关 QSL 语句
query.exec("create table student(id vatrchar(8) primary key,namevarchar(8)");  //新建
//student 表,id 设置为主键,还有一个 name 项
query.exec("insert into student values('20140101','zhangdong')");
query.exec("insert into student values('20140102','liuhai')");
query.exec("insert into student values('20140203','liuming')");  //向表中插入 3 条记录
query.exec("select id,name from student where id > '20140101'");  //查找表中 id >
20140101//的记录的 id 项和 name 项的值
while(query.next())      //query.next()指向查找到的第一条记录,然后每次后移一条记录
```

```
{
int ele0 = query. value(0). toInt( ) ;          //query. value(0)是 id 的值,将其转换为 int 型
QString ele1  = query. value(1). toString( ) ;
qDebug( )  <<  ele0  << ele1  ;          //输出两个值
}
returna. exec( ) ;
}
```

这里使用了 SQLite 数据库，连接名为 ":memory:" 表示这是建立在内存中的数据库，也就是说该数据库只在程序运行期间有效。如果需要保存该数据库文件，可以将它更改为实际的文件路径。

3. 修改工程文件

打开 . pro 工程文件，添加 QT + = sql 这行代码。运行结果如图 8-17 所示。

```
qtcreator_process_stub
20140102 "liuhai"
20140203 "liuming"
```

图 8-17　运行结果

8. 2. 2　使用 QSqlQuery 类执行 SQL 语句 Application output 显示

1）新建 Gui Application 工程，工程名为 query，基类选 QWidget，如图 8-18 所示。

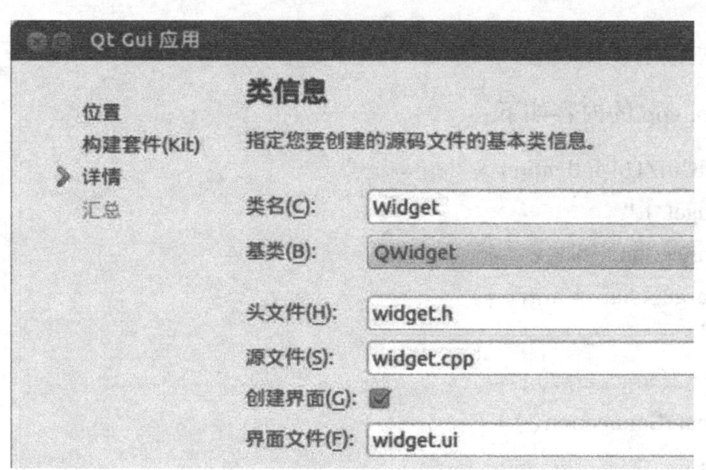

图 8-18　新建 Gui 应用工程

工程建好后，添加 C++ Header File，命名为 connection. h，其更改内容如下：

```
#ifndef CONNECTION_H
```

```
#define CONNECTION_H
#include < QMessageBox >
#include < QSqlDatabase >
#include < QSqlQuery >
static bool creatConnection( )
{
QSqlDatabasedb = QSqlDatabase::addDatabase( "QSQLITE") ;
db. setDatabaseName( ":memery:") ;
if( ! db. open( ) )
    {
QMessageBox::critical(0,qApp-> tr( "cont open database") ,qApp-> tr( "unable to establish a database connetion") ,QMessageBox::Cancel) ;
return false;
    }
QSqlQuery   query;
query. exec( "create table student (id int primary key,namevarchar(20) ) ") ;//创建数据表
query. exec( "insert into student values(0,'zhang') ") ;//插入记录
query. exec( "insert into student values(1,'wang') ") ;
query. exec( "insert into student values(2,'liu') ") ;
query. exec( "insert into student values(3,'dong') ") ;
query. exec( "insert into student values(4,'cheng') ") ;
return true;
}

#endif// CONNECTION_H
```

2）更改 main. cpp 的内容如下：

```
#include  < QtGui/QApplication >
#include "widget. h"
#include "connection. h"
int main( int argc,char  * argv[ ])
{
   QApplicationa( argc,argv) ;
     if ( ! createConnection( ) )
     return 1;
     Widget w;
   w. show( ) ;
   return a. exec( ) ;
}
```

在主函数中打开数据库，而数据库连接用一个函数完成，并单独放在一个文件中，这样的做法使得主函数很简洁。打开数据库连接后，新建了一个学生表，并在其中插入了几条记录。表中的一行就叫作一条记录，一列是一个属性。这个表共有5条记录，id和name两个属性。程序中的“id int primary key”表明id属性是主键，也就是说以后添加记录时，必须有id项。

3）Qt界面设计。

打开widget. ui文件，在设计器中向界面上添加一个Push Button。将按钮的文本改为“查询”，然后用鼠标右键单击进入其单击事件槽函数，更改如下。

```
void Widget::on_pushButton_clicked()
{
  QSqlQuery query;
  query.exec("select * from student");
  while(query.next())
  {
    qDebug() << query.value(0).toInt() << query.value(1).toString();
  }
}
```

在widget. cpp中添加头文件：

```
#include <QSqlDatabase>
#include <QSqlQuery>
#include <QtDebug>
```

然后运行程序，单击“查询”按钮，效果如图8-19所示。

图8-19 查询结果输出

可以看到在输出窗口，表中的所有内容都输出了。这表明数据库连接已经成功建立。

QSqlQuery类提供执行和操作SQL的手段。在查询中执行sql。将查询状态设置为活动状，如果查询成功，返回true，否则返回false。查询字符串必须使用适合被查询的SQL数据库的语法。

在执行查询时，查询位于无效记录，必须导航到一个有效的记录在数据值可以检索（例如，使用next()）。

注意：当exec()被调用时，此查询的最后一个错误是重置。

对于 SQLite 查询字符串可以一次只包含一个声明。如果有一个以上的声明，函数返回 false。在上面的程序中，使用 query. exec （"select * from student"）；来查询出表中所有的内容。其中的 SQL 语句“select * from student”中“*”号表明查询表中记录的所有属性。因为获得的结果可能不止一条记录，所以称之为结果集。

结果集其实就是查询到的所有记录的集合，而在 QSqlQuery 类中提供了多个函数来操作这个集合，需要注意这个集合中的记录是从 0 开始编号的。最常用的函数如下。

seek(int n)：query 指向结果集的第 n 条记录。

first()：query 指向结果集的第一条记录。

last()：query 指向结果集的最后一条记录。

next()：query 指向下一条记录，每执行一次该函数，便指向相邻的下一条记录。

previous()：query 指向上一条记录，每执行一次该函数，便指向相邻的上一条记录。

record()：获得现在指向的记录。

value(int n)：获得属性的值。其中 n 表示查询的第 n 个属性，例如上面使用“select * from student”就相当于“select id，name from student”，那么 value(0) 返回 id 属性的值，value(1) 返回 name 属性的值。

8.2.3 在 SQL 语句中使用变量

1）创建 Qt 控制台程序。

2）在 pro 文件中添加 QT + = sql;

3）在 main. cpp 中添加如下代码：

```
#include <QCoreApplication>
#include <QSqlDatabase>
#include <QSqlError>
#include <QSqlQuery>
#include <QString>
#include <QFile>
#include <QDebug>
#include <QVariantList>
int main(int argc,char *argv[])
{
QCoreApplicationa(argc,argv);
QSqlDatabasedb = QSqlDatabase::addDatabase("QSQLITE");//添加驱动
db.setDatabaseName("ff.db");//设置数据库名字
if(db.open())
    {
qDebug() << "database opened";
QSqlQuery query;
```

```
QString create_sql = "create table mm (id int primary key,namevchar(20),address varchar(20))";
//创//建数据表
QString insert_sql = "insert into mm values(?,?,?)"; //使用占位符向表中插入数据,定义
插入操作//变量
QString select_sql = "select * from mm";//定义查询操作变量

query.prepare(create_sql);//创建数据表

if(! query.exec())
        {
qDebug() << QObject::tr("table create failed");
qDebug() << query.lastError();
        }
else
        {
qDebug() << "table created";
query.prepare(insert_sql);//执行插入操作

QVariantListGroupId;
GroupId.append(0);//在列表中插入值
GroupId.append(1);
GroupId.append(2);

QVariantListGroupName;
GroupName.append("zhangLiang");
GroupName.append("liMing");
GroupName.append("wangFang");

QVariantListGroupAddress;
GroupAddress.append("XiAn");
GroupAddress.append("NanJing");
GroupAddress.append("ShangHai");

query.addBindValue(GroupId);
query.addBindValue(GroupName);
query.addBindValue(GroupAddress);

if(! query.execBatch())
            {
```

```
qDebug() << query.lastError();
                }
else
                {
qDebug() << "insert success";
                }
query.prepare(select_sql);//整张表查询
if(! query.exec())
                {
qDebug() << query.lastError();
                }
else
                {
                        while(query.next())//逐条查询并显示
                        {
int id = query.value(0).toInt();
QString name = query.value(1).toString();
QString address = query.value(2).toString();
qDebug() << QString("ID:%1 Name:%2 Address:%3").arg(id).arg(name).arg(address);
                        }
                }
            }
        }
db.close();
returna.exec();
}
```

4）运行结果如图 8-20 所示。

```
qtcreator_process_stub
database opened
table created
insert success
"ID:0 Name:zhangLiang Address:XiAn"
"ID:1 Name:liMing Address:NanJing"
"ID:2 Name:wangFang Address:ShangHai"
```

图 8-20　查询表结果

5）使用 sqlitebrowser 查看数据库和数据表，可以看到生成了数据库和表，如图 8-21 所示。

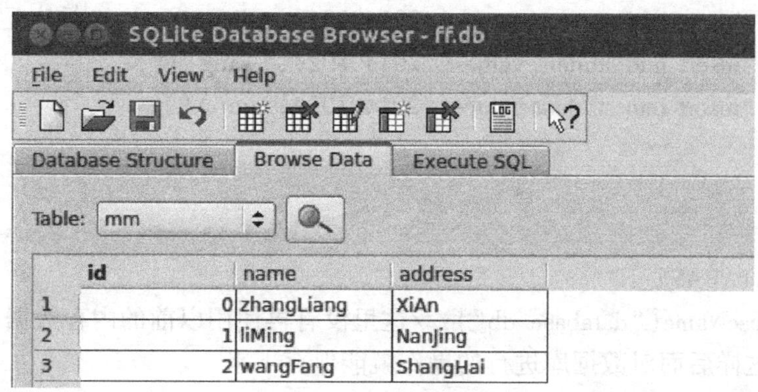

图 8-21　查看数据库和表

prepare( ) 函数为执行 sql 查询准备。如果查询成功，则返回 true；否则返回 false。在其中利用了？来代替具体的数据，而后又利用 AddBindValue( ) 函数给 id、name 和 address 三个属性赋值，这称为绑定操作。其中编号 0、1、2 分别代表“id”“name”和“address”，就是说按照 prepare( ) 函数中出现的属性从左到右编号，最左边是 0。这里的？叫作占位符，这是 Oracle 的表示方法。还有一种是 ODBC 数据库的表示方法，用：变量来表示，即“：id”和“：name”来代替具体的数据。

进行多条记录的操作时，利用绑定进行批处理，即函数 execBatch( )。然后利用循环 while（query. next( )）得到整张表的数据。

8. 2. 4　QSqlQueryModel 机制

Qt 中使用了自己的机制来避免使用 SQL 语句，它提供了更简单的数据库操作和数据显示模型。它们分别是只读的 QSqlQueryModel 和操作单表的 QSqlTableModel。

QSqlQueryModel 是一个高层次的接口，用于执行 SQL 语句和遍历结果集。它是建立在顶部的低层 QSqlQuery，可以用于提供数据视图类，如 QTableView。

1）新建 Gui Application 工程，这里工程名为 QSqlTable，“基类”选 QWidget。工程建好后，添加 C++ Header File，命名为 database. h，更改其内容如下：

```
#ifndef DATABASE_H
#define DATABASE_H
#include < QSqlDatabase >
#include < QSqlQuery >
static bool createconnection( )
{
QSqlDatabasedb = QSqlDatabase::addDatabase("QSQLITE");//添加驱动
db. setDatabaseName("database. db");//设置数据库名字
if(! db. open())
return false;
```

```
QSqlQuery query;
query. exec( "create table student( id vchar primary key,name varchar)");//创建数据表
query. exec( "insert into student values('20140101','zhang')");//插入记录
query. exec( "insert into student values('20140102','wang')");
query. exec( "insert into student values('20140103','liu')");
return true;
}

#endif// DATABASE_H
```

db. setDatabaseName("database. db");//这里没有再使用以前的内存数据库,而是使用了//真实的文件,这样后面对数据库进行的操作就能保存下来

2）在 widget. ui 中添加一个显示为“查询”的 Push Button，并进入其单击事件槽函数，更改如下：

```
void Widget::on_pushButton_clicked()
{
  QSqlQueryModel *model = new QSqlQueryModel;
  model-> setQuery("select * from student");
  model-> setHeaderData(0,Qt::Horizontal,tr("StuNo"));
  model-> setHeaderData(1,Qt::Horizontal,tr("Name"));
  QTableView *view = new QTableView;
  view-> setModel(model);
  view-> show();
}
```

这里新建了 QSqlQueryModel 类对象 model，并用 setQuery() 函数执行了 SQL 语句“("select * from student");”来查询整个 student 表的内容。然后设置了表中属性显示时的名字。最后建立了一个视图 view，并将这个 model 模型关联到视图中，这样数据库中的数据就能在窗口上的表中显示出来。最后在 widget. cpp 中添加头文件：

```
#include <QSqlQueryModel>
#include <QTableView>
```

3）进入 main. cpp，将其内容更改如下：

```
#include "widget. h"
#include <QApplication>
#include"database. h"

int main(int argc,char *argv[])
{
QApplicationa(argc,argv);
```

```
if(! createconnection())
return 1;
      Widget w;
w. show();

return a. exec();
}
```

运行程序，并按下“查询”按钮，效果如图 8-22 所示。

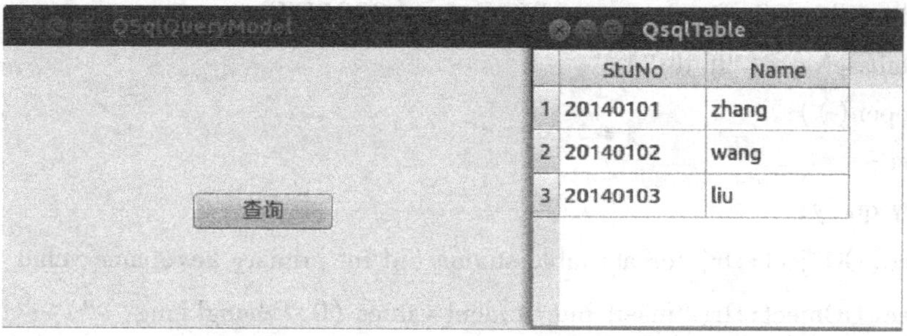

图 8-22　查询结果显示

这个模型默认是只读的，所以在窗口上并不能对表格中的内容进行修改。

8.2.5　QSqlTableModel 机制

只读的 QSqlQueryModel 也可以实现编辑，但是很麻烦。Qt 提供了操作单表的 QSqlTableModel，如果需要对表的内容进行修改，就可以直接使用这个类。该类提供了一个可读写单张 SQL 表的可编辑数据模型。下面就对其中的几个常用功能进行介绍，分别是修改、插入、删除、查询。

1）新建 Gui Application 工程，工程名为 tableModel，然后基类选 QWidget。工程建好后，添加 C++ Header File，命名为 database. h，更改其内容如下，或者在项目上用鼠标右键单击添加现有文件，将头文件添加进去，如图 8-23 所示。

图 8-23　项目中添加文件

2）头文件程序代码如下：

```
#ifndef DATABASE_H
#define DATABASE_H
#include < QSqlDatabase >
#include < QSqlQuery >
#include < QObject >
static bool creatConnection( )
{
QSqlDatabasedb = QSqlDatabase::addDatabase( "QSQLITE");
db. setDatabaseName( "ff. db");
if( ! db. open( ) )
return false;
QSqlQuery query;
query. exec( QObject::tr( "create table student( id int primary key,name vchar ) "));
query. exec( QObject::tr( "insert into student values (0, 'zhangLiang')"));
query. exec( QObject::tr( "insert into student values (1, 'liuMing')"));
query. exec( QObject::tr( "insert into student values (2, 'wangDong')"));
return true;

}

#endif// DATABASE_H
```

为了在数据库中能使用中文，这里使用了 QObject 类的 tr( ) 函数。

3）main( ) 函数中添加相应的代码来支持中文。

```
#include "widget. h"
#include  < QApplication >
#include"database. h"
#include < QTextCodec >

int main( int argc,char  * argv[ ])
{
QApplicationa( argc,argv);
QTextCodec::setCodecForTr( QTextCodec::codecForLocale( ) );
if( ! creatConnection( ) )
return 1;

    Widget w;
```

```
w.show();

return a.exec();
}
```

4）打开 widget.ui，设计界面，如图 8-24 所示。

图 8-24 设计界面

其中的控件有 Table View 和 Line Edit，其余是几个按钮控件。

5）修改 widget.h。

在其中加入头文件：#include <QSqlTableModel>。在 private 中声明对象：QSqlTableModel *model；因为要在不同的函数中使用 model 对象，所以在这里声明它。

6）修改 widget.cpp 文件。

在其中的构造函数里添加如下代码：

```
    ui->setupUi(this);
model = new QSqlTableModel(this);
model->setTable("student");
model->setEditStrategy(QSqlTableModel::OnManualSubmit);
    model->select();//选取整个表的所有行
ui->tableView->setModel(model);
```

这个模型已经完全脱离了 SQL 语句，这里只需要执行 select() 函数就能查询整张表。

7）为各按钮控件添加槽函数。

① 用鼠标右键单击进入“提交修改”按钮的单击事件槽函数，添加代码如下：

```
model->database().transaction();
if(model->submitAll())
    {
model->database().commit();
    }
```

```
else
model-> database( ). rollback( );
    QMessageBox::warning(this,tr("tableModel"),tr("database
error:%1").arg(model->lastError().text()));
```

这里用到了事务操作，真正起提交操作的是 model-> submitAll( ) 一句，它提交所有更改。

② 用鼠标右键单击进入“撤销修改”按钮的单击事件槽函数，添加代码如下：

```
model-> revertAll( );
```

它只有简单的一行代码。

将“zhangLiang”改为“zhangWanLiang”，如果单击“撤销修改”，那么它就会重新改为“zhangLiang”，而当单击“提交修改”后它就会保存到数据库，此时再单击“撤销修改”就修改不回来了。

可以看到，这个模型可以将所有修改先保存到 model 中，只有当执行提交修改后，才会真正写入数据库。当然这也是因为在最开始设置了它的保存策略：

```
model-> setEditStrategy(QSqlTableModel::OnManualSubmit);
```

OnManualSubmit 表明要提交修改才能使其生效。

③ 用鼠标右键单击进入“添加记录”按钮的单击事件槽函数，添加代码如下：

```
int rowNum = model-> rowCount( );
model-> insertRow(rowNum);
model-> submitAll( );
```

按下“添加记录”按钮后，就添加了一行，不过在该行的前面有个星号，如果按下“提交修改”按钮，这个星号就会消失。

④ 用鼠标右键单击进入“删除记录”按钮的单击事件槽函数，添加代码如下：

```
int curRow = ui-> tableView-> currentIndex( ). row( );
model-> removeRow(curRow);
int ok = QMessageBox::warning(this,tr("delete current row!"),tr("sure?"),QMessage-
Box::Yes,QMessageBox::No);
if(ok = = QMessageBox::No)
    {
        model-> revertAll( );//如果不删除,则撤销
    }
else
        model-> submitAll( );//否则提交,在数据库中删除该行
```

这里删除行的操作会先保存在 model 中，当执行了 submitAll( ) 函数后才会真正地在数据库中删除该行。这里使用了一个警告框来让用户选择是否真要删除该行。

运行效果如图 8-25 所示。

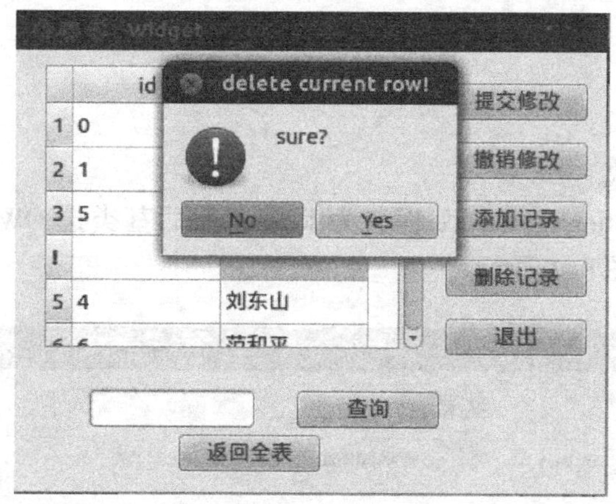

图 8-25　删除记录

这时会发现，表中的第四行前面出现了一个小感叹号，表明该行已经被修改了，但是还没有真正地在数据库中修改，这时的数据有个学名叫脏数据（Dirty Data）。当按"Yes"按钮后数据库中的数据就会被删除，如果按下"No"，那么更改就会取消。

⑤ 用鼠标右键单击进入“查询”按钮的单击事件槽函数，添加代码如下：

```
QString name = ui->lineEdit->text();
model->setFilter(QObject::tr("name = '%1'").arg(name));//根据姓名进行筛选
model->select();//显示结果
```

使用 setFilter() 函数进行关键字筛选，这个函数是对整个结果集进行查询。为了使用变量，使用了 QObject 类的 tr() 函数。

⑥ 用鼠标右键单击进入“返回全表”按钮的单击事件槽函数，添加代码如下：

```
model->setTable("student");//重新关联表
model->select();//再次显示整个表的内容
```

输入一个姓名，单击“查询”按钮后，就可以显示该记录了，再单击“返回全表”按钮则返回，如图 8-26 所示。

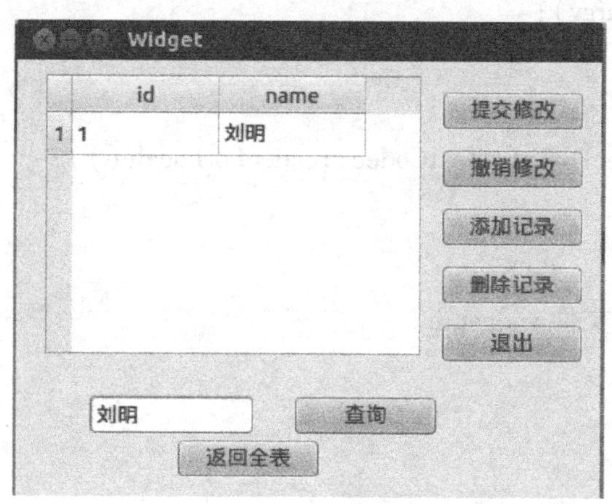

图 8-26　查询数据

8.3 课后实训

设计一个登录小模块。

1）新建 Gui Application 工程，工程名为 login，然后基类选 QWidget。去掉创建界面勾选，使用代码创建，如图 8-27 所示。

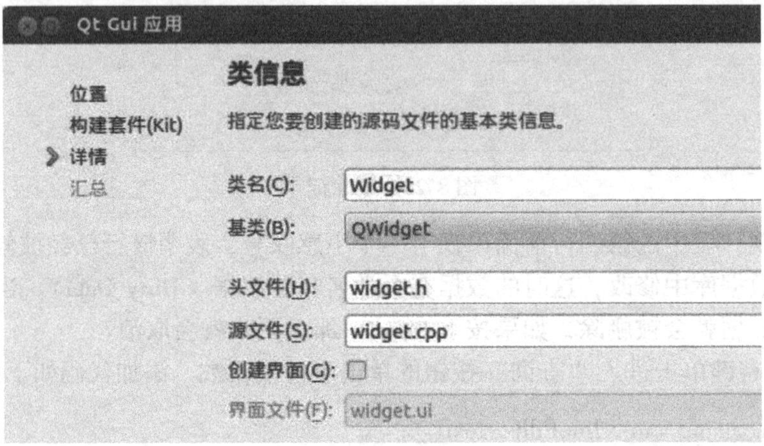

图 8-27 新建工程

2）修改 main. cpp 文件使之能支持中文。

```
#include "widget. h"
#include <QApplication>
#include <QtCore/QTextCodec>
#include "widget. h"

int main(int argc,char *argv[])
{
QApplicationa(argc,argv);
    Widget w;
w. show();
QTextCodec::setCodecForTr(QTextCodec::codecForLocale());
return a. exec();
}
```

3）修改登录界面头文件 widget. h。

```
#ifndef WIDGET_H
#define WIDGET_H


#include <QWidget>
```

```
#include <QDialog>
class QLineEdit;
class QPushButton;

class Widget : publicQWidget
{
    Q_OBJECT

public:
Widget(QWidget *parent =0);
    ~Widget();
public slots:
void logined();

private:
QLineEdit *userNameLine;
QLineEdit *userPwdLine;
QPushButton *loginButton;

};

#endif// WIDGET_H
```

4）编写登录界面代码。

```
#include "widget.h"
#include <QtGui>
#include "widget.h"
#include "mysql.h"

Widget::Widget(QWidget *parent)
    :QWidget(parent)
{
QLabel *userNameLabel = new QLabel(tr("userName:"));
userNameLine = new QLineEdit;

QLabel *userPwdLabel = new QLabel(tr("password:"));
userPwdLine = new QLineEdit;

loginButton = new QPushButton(tr("login"));
```

```
connect(loginButton,SIGNAL(clicked()),this,SLOT(logined()));

QHBoxLayout *buttonLayout = new QHBoxLayout;
buttonLayout->addStretch();
buttonLayout->addWidget(loginButton);

QGridLayout *mainLayout = new QGridLayout;
mainLayout->addWidget(userNameLabel,0,0);
mainLayout->addWidget(userNameLine,0,1);
mainLayout->addWidget(userPwdLabel,1,0);
mainLayout->addWidget(userPwdLine,1,1);
mainLayout->addLayout(buttonLayout,2,1);
mainLayout->addWidget(loginButton,2,1);
setLayout(mainLayout);
setWindowTitle(tr("login"));
    }

void Widget::logined()
    {
QString name = userNameLine->text();
QString passwd = userPwdLine->text();
QString sql = "select name,password from users where name = '"
            + name +"'and password = '"+passwd+"'";

MySqlmySql;
if(mySql.queryDB(sql))
        {
QMessageBox::information(this,tr("登录成功"),
tr("登录成功！欢迎进入本系统!"),
QMessageBox::Ok);
        }
else
        {
QMessageBox::warning(this,tr("登录失败"),
tr("用户名或密码错误！是否重新登录?"),
QMessageBox::Yes|QMessageBox::No);
        }
```

```
}

Widget::~Widget()
{

}
```

5）编写 sql 连接代码，将其封装在 mysql. h 头文件中。

```
#ifndef MYSQL_H
#define MYSQL_H
#include <QObject>

class MySql :public QObject
{
public:
MySql(QObject *parent =0);

bool connDB();
bool queryDB(constQString&sql);

private:
QString dbDriver;
QString dbName;
QString userName;
QString userPwd;
QString hostName;
int hostPort;
};

#endif// MYSQL_H
```

6）封装的连接实现代码 mysql. cpp。

```
#include <QtSql>
#include <QSqlDatabase>
#include <QDebug>
#include "mysql. h"

MySql::MySql(QObject *parent)
:QObject(parent)
```

```
{
dbDriver = "QSQLITE";
dbName = "hh. db";
userName = "zhangwanliang";
userPwd = "273189";
hostName = "localhost";
hostPort = 5432;
connDB();
}

bool MySql::connDB()
{
QSqlDatabasedb = QSqlDatabase::addDatabase(dbDriver);//添加驱动
db. setHostName(hostName);//设置主机名
db. setDatabaseName(dbName);//设置数据库名
db. setUserName(userName);//设置用户名
db. setPassword(userPwd);//设置用户密码

    //发送连接
if(! db. open())
    {
    //qDebug() << QSqlDatabase::drivers();
qDebug() << db. lastError();
return false;
    }
return true;
}

boolMySql::queryDB(constQString&sql)
{
QSqlQuery query;
query. exec(sql);

if(query. next())
    {
qDebug() << query. value(0). toString();
return true;
    }
return false;
}
```

7）使用 sQlite3 创建数据库，创建表，查询数据，如图 8-28 所示。

```
sqlite> create table users(name vchar(20) not NULL,password vchar(10) not NULL )
;
sqlite> .SCHEMA
Error: unknown command or invalid arguments:  "SCHEMA". Enter ".help" for help
sqlite> .schema
CREATE TABLE users(name vchar(20) not NULL,password vchar(10) not NULL );
sqlite> insert into users(name,password) values("zhangwanliang","273189");
sqlite> select * from users
   ...> ;
zhangwanliang|273189
sqlite>
```

图 8-28　创建数据库、数据表和查询数据

最后在 . pro 文件中，别忘了加上 QT + = sql。

8）运行结果如图 8-29 和图 8-30 所示。

图 8-29　输入正确登录界面

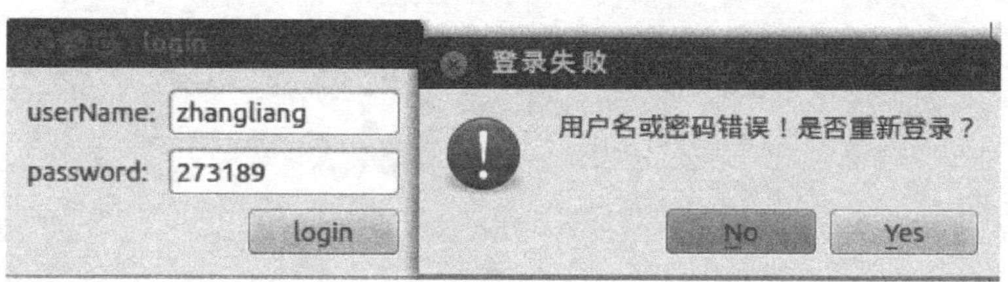

图 8-30　输入错误登录界面

8.4　习题

1）请解释数据库、数据表、记录和字段的含义。

2）列出常用的 SQlite shell 命令，操作数据库的 SQL 主要命令有哪些？

3）添加数据库驱动的语句是什么？

4）Qt 中执行 SQL 查询的语句用到哪些类？

参 考 文 献

[1] 何永琪. 嵌入式 Linux 系统应用开发 [M]. 北京：电子工业出版社，2010.
[2] Stanley B Lippman，Barbara E Moo，Josee Lajoie. C++ Primer（中文版）[M]. 李师贤，蒋爱军，等译. 北京：人民邮电出版社，2010.
[3] 韦东山. 嵌入式 Linux 应用开发完全手册 [M]. 北京：人民邮电出版社，2008.
[4] 吴军，等. 嵌入式 Linux 系统应用基础开发范例 [M]. 北京：人民邮电出版社，2007.
[5] 杨震伦，等. 嵌入式操作系统及编程 [M]. 北京：清华大学出版社，2009.
[6] 韩光辉，等. 嵌入式系统开发 [M]. 北京：机械工业出版社，2015.
[7] 丰海. 嵌入式 Linux 系统应用及项目实践 [M]. 北京：机械工业出版社，2013.
[8] 王继民，等. C++ 程序设计与应用开发 [M]. 北京：清华大学出版社，2008.
[9] 张小进. Linux 系统应用基础教程 [M]. 北京：机械工业出版社，2014.
[10] 张同光. 嵌入式系统开发实用教程 [M]. 北京：清华大学出版社，2013.
[11] 华清远见. 嵌入式 Linux 应用程序开发 [M]. 北京：人民邮电出版社，2009.
[12] 熊茂华，等. 嵌入式应用项目设计与开发典型案例详解 [M]. 北京：清华大学出版社，2012.
[13] 焦健，等. 嵌入式系统基础及应用 [M]. 重庆：重庆大学出版社，2014.
[14] 陈长顺. 嵌入式 Linux 应用开发精解 [M]. 北京：北京航空航天大学出版社，2013.